节庆包装设计

解构思维与仪式感

高色调文化 编著

SPM
南方传媒 | 岭南美术出版社
中国·广州

图书在版编目（CIP）数据

节庆包装设计：解构思维与仪式感 / 高色调文化编
著 . - 广州：岭南美术出版社，2024.4
ISBN 978-7-5362-7859-2

Ⅰ.①节… Ⅱ.①高… Ⅲ.①包装设计 Ⅳ.① TB482

中国国家版本馆 CIP 数据核字（2024）第 020198 号

责任编辑：刘　音

责任技编：谢　芸

助理编辑：周白桦

设　　计：高色调文化

节庆包装设计——解构思维与仪式感

JIEQING BAOZHUANG SHEJI——JIEGOU SIWEI YU YISHIGAN

出版、总发行：岭南美术出版社（网址：www.lnysw.net）

（广州市天河区海安路 19 号 14 楼　邮编：510627）

经　　　销：全国新华书店

印　　　刷：深圳市和谐印刷有限公司

版　　　次：2024 年 4 月第 1 版

印　　　次：2024 年 4 月第 1 次印刷

开　　　本：889 mm×1194 mm　1/16

印　　　张：17

印　　　数：1—3000 册

字　　　数：118.3 千字

ISBN 978-7-5362-7859-2

定　　　价：298.00 元

包装设计与情感价值——以节庆包装为例

吕晓萌

作者简介：吕晓萌，设计学博士，毕业于中国美术学院；现为深圳职业技术大学艺术设计学院湾区设计研究中心主任；研究方向为设计艺术历史与理论，设计艺术策展，视觉传达设计实践。

#1 包装设计的意义

虽然包装设计（Package Design）常常被认为是平面设计（Graphic Design）领域的一个大类，但实际上它所指的不单包含平面维度上的图形元素，还需具备工业产品般的结构特征。通常而言，字体、海报、VI（Visual Identity）等主要平面设计类型着重视觉传达的形式感，对某种具体物质材料的依附程度较低，能够在多种媒介上较为准确地展现设计效果。即便不同材质的质感和肌理会对展示效果产生一定影响，至少在电子媒介上也能够让受众明确感受到其设计效果。相形之下包装设计则显得与众不同，仅仅将方案的视觉效果呈现在制作材质之外的媒介（如电子媒介）上是无法完全阐明其设计价值的。因为包装本身有着非常显著的"在地"属性，它必须依托某种具体材质才能实现。因此，包装设计不但要考虑二维图形的视觉效果，还需时刻考虑其在三维空间中的存在属性，这包括材料本身的特性以及物质与空间的关系等。

从语义上看，无论"包"或"装"，都需要与某个具体物件发生承载式的关联。因此，包装设计必须有明确的目标客体或服务对象。在现代商业社会，客体通常表现为商品本身。包装之于商品的意义主要在于三点：第一，确保商品能够稳妥周全地适应多种运输和仓储条件；

第二，提升商品的外在形象，促进市场销售；第三，彰显商品的自我文化身份以形成视觉印象。第一点指向着包装的基本功能，第二点显示了包装越来越重要的商业价值，第三点则关乎品牌文化的构建与传播，在某些场合也关乎国家形象、文化认同和民族自信。

#2 包装设计的情感价值

受过设计学训练的人总会将"形式追随功能"(Form Follows Function)的法则刻在心间，然而随着时代发展，设计规则也在悄然变化。生活在丰裕社会的现代消费者有两种消费构成，分别是主要消费和可选消费。消费者购物时，除了采购生活必需品和已经形成品牌黏性的商品外，还会随机选择一些计划外的商品。"高颜值"和"有个性"是此类消费行为的重要影响因素。因此，商品的包装除了满足基本功能以外，还需要通过特别的包装设计捕获消费者的注意力，从而脱颖而出。

有计划的废止制度 (Planned Obsolescence) 告诉我们——绝大多数消费者只会为有所期待的商品买单。因此包装设计必须营造出一定的"新鲜"感才能引起消费者的足够注意。所谓"新鲜"，就是要通过打破陈规，甚至颠覆常理、常识，制造形式上的差异感，以满足甚至超出消费者的购买预期。尤其是当商品与商品之间的条件差别不显著时，包装设计的作用就更为关键。

例如在竞争非常激烈的瓶装水市场中，即使不同品牌的瓶装水的确存在品质差异，但普通消费者也是无法仅从外观上判断的。无论一瓶水蕴含的矿物元素有多么丰富，饮用起来有多么健康，也不是可以被消费者用肉眼观察到的（甚至在品尝时也不易被察觉）。虽然很难让消费者快速鉴别水的品质，但通过包装却可以将瓶装水的品质特征经视觉转译后展现给消费者。在瓶形状和图案的设计，以及制作工艺上，设计师都会尽其所能突出不同产品的特点和定位。

当消费者走进便利店或超市去选择一款瓶装水时，如果本身没有预设目标且商品价格差别不大，那么他们极有可能仅通过包装设计的特征去决定消费对象，通过自动售卖机消费时更是如此——在付款之前，他们甚至都无法接触到产品本身。

在日常消费中，像瓶装水这样的案例比比皆是。无论是饮料、零食，还是化妆品、香水，都有类似现象。甚至还有一些商品会同步推出多种规格的包装，以更精准地服务目标人群。例如在娱乐领域，主机游戏光盘、影视 DVD、音乐 CD 等制品除了推出常规版本以适应一般性的市场需求外，还会另外设计各种名目的特殊版本，搭配更丰富的衍生品及更具仪式化的包装来提升产品附加值，从而满足市场上的多元化需求。例如由中国香港导演刘伟强、麦兆辉执导的电影《无间道》系列，影片全部完结后便推出了不同版本的 DVD 套装。其中有一款以牛皮纸档案袋的形式呈现，令许多粉丝眼前一亮。深谙剧情的人都知道档案袋在片中是一个关键性的道具。由于电影公映通常早于 DVD 上架，会购买 DVD 套装的人很大概率是已经在电影院观看过影片的粉丝，所以，当他们决定购入包装精美、具有收藏价值的 DVD 套装时，不仅希望收获的不只是重温"旧梦"，还会对意料之外的"新鲜"元素抱有期待。而与剧情直接关联的档案袋显然对粉丝具有一定的刺激作用，能够提供充分的情感价值。在这个过程中，由于商品面向的对象更为精准，因此特殊版虽然产量小、造价高，但往往会受到特定市场的普遍欢迎。

在节奏紧张的现代社会中，情感价值的重要性是毋庸置疑的。美国设计师保罗·兰德（Paul Rand）认为设计面对的是"形式"与"内容"的关系问题，这种概括极为精辟。然而需要注意的是，在包装设计领域中，这两者的占比并不是完全相等的关系。如果只是做到把所要承载的内容以恰到好处的形式展现出来，也许只能获得一个基本合格的包装，它可以解决包装牵涉的种种技术问题，但不会出彩到让人产生情感共鸣。从理想角度看，一款优秀的包装设计或许应该"形式"大于"内容"，多出来的部分就是消费者对商品的"情感需求"。正因如此，几乎所有的包装设计师都会在工作中倾尽全力探寻目标客户的情感需求，最大限度地传递出产品的情感价值。在包装设计所应用的各种场景中，节庆包装作为一种典型，有着极其特殊的意义。

#3 节庆包装的仪式感与情感价值

之所以称节庆包装既典型又特殊，是因为其在全球范围内有着非常明确的共性特征——既为节日庆典服务，却又因不同国家、民族、信仰、文化、传统的相异而呈现出和而不同的特质。节庆的意义不言而喻，它是反映一个具体人群精神和物质追求的极致表达，是植根于每个人骨子里的深刻。然而我们也时常会注意到：即便是同一个节日，因历史背景和内涵意义不同，不同地域的风俗也往往会形成一定差异。例如在中国，每逢冬节（冬至）都会出现北方"吃饺子"、南方"食汤圆"的现象；到了元宵节，饮食也同样有着北方"吃元宵"、南方"食汤圆"的细微差异。

对于生长在礼仪之邦的中国人来说，节庆是一个永恒的主题，是无法动摇的精神存在。例如春节，即便平日里再忙再累，它也始终作为一种念想和守望存在于每个中国人的心底。无论现代化的迭代速度多么日新月异，期盼团圆的归乡之情从未远去。"春运"中的返乡潮，热乎乎的年夜饭，反映的绝不是一种现象上的"热闹"和"集聚"，而是大家心底的情感与共鸣。因此，节庆也带动了许多文化和经济现象的出现。

在商业社会的语境中，节庆显然是极佳的竞逐点，任何品牌都不会轻易放过这个重要商机。随着消费主义深入人心，商家甚至感到既有的节日已然不够用，从而人为地"制造"了"双11""双12"，以及各类名目的周年庆等商业活动刺激消费者的"情感需要"，节庆之市场价值可见一斑。而今，与节庆相关的各类活动在市场经济的浪潮下展现出了日益重要的经济作用。

节庆包装设计便孕育于这种大背景之中，成为每年助力商家竞逐的重要手段。然而，就像节庆的内涵来自人的情感联结那样，节庆包装设计尤为讲究细致入微的设计细节与节礼的寓意表达。简而言之，就是要以包装设计制造仪式感，让人通过礼物传递背后所蕴含的深层情感价值。糕点公司好利来的端午礼盒（图1）便以"乐在其粽"为题，展现了包装设计关于节庆内涵恰到好处的形式转译。对于一向怀有"民以食为天"情结的中国人来说，粽子可以说是端午节的典型意象之一。赛龙舟虽然精彩，但受时间场地之限，并非社会全体人员都能分享和体验，而粽子就不同了，它可以走进千家万户，将"端午安康"的祈愿带给每个人。从命名方式和字体选择上可以看到，好利来的端午礼盒借粽传情，以汉字元素呈现设计的同构关系。而图形设计以五种彩色粽线为线索，一方面用来区分粽子口味，另一方面结合一尘不染的白色粽子图形，建构了一个简约多彩的主视觉形象，辅以粽叶般的绿色背景，将端午的节日氛围和盘托出，令人观来赏心悦目。

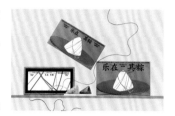

"乐在其粽"端午礼盒（图1）

这种富含巧思的仪式感并不仅应用于传统包装之中，现代节日的各类包装设计本质上是品牌宣传，更需要通过设计来传达品牌调性与主题特征。北京智力有限设计工作室为新式茶饮品牌喜茶创作的"六一"儿童节限定包装（图2）便是如此。设计师以特定人群——小朋友为目标，结合他们的兴趣特征创造了一系列趣意盎然但无规可循的笑脸图形，既符合喜茶这一品牌中核心概念"喜"的本质，又展现了孩子们无拘无束的烂漫与童真。值得注意的是，这款包装设计一反惯常思维，紧跟喜茶极简主义的品牌特征，化繁为简，用最单纯、抽象的形式感演绎了儿童那无限美好的情感世界，令我们能够直观感受到仪式感并不一定要依靠多元复杂的视觉元素，而是要在物与人之间建立起一种基于情感的精神维系。

由此亦可看出，节庆包装并不一定要符合人们的常规想象，在思考原点上"另辟蹊径"未尝不是一种更好的选择，它往往能带来许多不期而遇的惊喜。

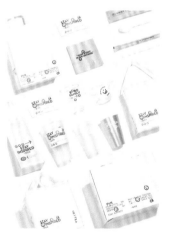

喜茶"六一"儿童节限定包装（图2）

日本时装品牌三宅一生的圣诞节限定包装同样是通过大胆的设计突破传统印象的典范。当许多商家都在以圣诞老人、圣诞树作为包装的主视觉元素时，它推出了一个极其简约的限定款服饰包装袋（图3），提供了关于圣诞的另一种表达可能。这个包装袋以热压缩工艺制

ISSEY MIYAKE MEN 圣诞节限定包装（图3）

成，整体为红色，以两条衔接线为线索勾勒出"X'mas"中的"X"图形，营造出了非常有个性的形式感。尤其是当人们看到袋子底部那使用印金工艺制作的三宅一生男装品牌名"ISSEY MIYAKE MEN"时，色彩对比引起的视觉跳跃令人印象深刻。这些设计手法大大提升了品牌的辨识度，可以说包装袋本身就是一个行走的广告。

#4 超越原始功能的情感价值

随着商业社会的不断繁荣，只要提起中秋礼盒，人们往往会想起那圆圆的月饼。经过长年累月的发展变迁，今天月饼产业的制作工艺和技术条件都已日臻成熟，加上其储藏和运输都较为方便，因此其社交属性和应用场景比端午节的粽子显得更为广泛。由于利润可观，如今除了传统的月饼厂家外，许多看起来与月饼没什么直接关系的企业（如星巴克、JW万豪酒店、半岛酒店等）也会涉足其中。然而多数人购买月饼并非为了自己享用，而是用来维护社会关系及交流情感。这就意味着月饼的原始功能——食用价值已不构成唯一卖点，更重要的意义在于它作为节庆之礼是否能在人们的往来互动中创造情感价值。正因如此，中秋时节月饼礼盒的包装设计受到了商业资本越来越多的关注。

然而"多"并不意味着"滥"，每位设计师都有对于中秋的不同理解，他们在处理月饼礼盒这一主题时往往有着不同的切入点。在广州构国学图设计公司的创始人傅彦斌看来，由时光所雕刻的中秋记忆是比月饼本身更为珍贵的存在。他们与广东时代美术馆合作推出的艺术月饼礼盒"时间刻度"（图4），使用了"月相变化，光影运动"的概念，让人直观地感受到在这个礼盒中最重要的承载绝非作为食物的月饼，而是设计师对于年光流转的感叹，强化了"时间"的主题。傅彦斌以现代诗人黄礼孩2019—2020年间书写的月历诗集为主体，邀请青年建筑师郭振江将诗歌音频转译为编码图形，融入视觉和触感，创造了一个发人深思的主视觉。在

"时间刻度"艺术月饼礼盒（图4）

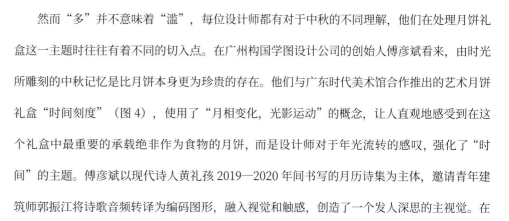

这个作品中，月饼不再作为主要图形元素，留给大家的是无限遐想。

有意思的是，虽然大多数中秋节庆包装都离不开月饼，但也有一些创作者持相反观点。对于设计师李甫印来说，市场上月饼的过度包装现象让他更希望回归事物的原点去思考问题，由此出发创作了"话说中秋"绘本礼盒（图5）。这套礼盒没有以月饼和任何物质对象为参照，而是紧紧围绕中国传统神话故事的精神世界展开图像叙事，用生动活泼的插画对月满中秋进行了细致入微的解读。

"话说中秋"绘本礼盒（图5）

除了传统节庆，一些公司亦非常重视周年庆和员工生日，并会以礼盒的形式传递祝福。颇有意味的是，礼盒中装的是什么似乎并不重要，重要的是这种纪念本身就带有强烈的仪式感，不但能够增强企业凝聚力，还能够增强每位员工的荣誉感、使命感和归属感。小米移动软件有限公司为员工准备的10周年月饼礼盒（图6）、手机公司传音控股为员工准备的生日礼盒（图7）都是这一类型的典型代表。如果说小米的月饼礼盒设计还能看到内容与形式的明确呼应，那么传音的生日礼盒则类似于开"盲盒"——每位员工打开包装后获得的肩颈按摩锤完全是随机的。事实上，也根本不会有员工去计较开出的按摩锤是哪一款，因为在大家收到礼盒、小心翼翼地将其打开的那一瞬间，贯穿于每个人心中的情感价值是无可替代的。

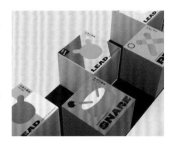

小米10周年月饼礼盒（图6）

经济社会的迅猛发展给人带来日益沉重的压力，日复一日的平凡，每日重复的工作，常常令人陷入疲惫和呆滞。大多数人的一生都不会如影视剧般纷繁多彩，如何向他们提供心灵上的抚慰成为一种极其重要的情感设计考量。节庆包装设计的意义便在于此。虽然设计师的工作不可能满足所有人的期待，但是任何一款包装设计必然承载了他们对美好世界的期待与想象，呈现了关于美好生活的种种可能。

传音2022年员工生日礼盒（图7）

目录

节庆设计的思维突破法

智力有限设计工作室——喜茶"六一"儿童节限定包装　002

合伙人设计——满月茶礼　008

美可特品牌企划设计——茶籽堂第 54 届金马奖
　　　指定文创商品　016

不亦乐乎设计工作室——FIL 密码礼盒　020

姜康——MAC 梦幻糖果屋公关礼盒　026

Kreatives——盒装餐店　032

条件反射设计——Seesaw 咖啡超牛回弹乒乓球礼盒　038

Bracom Agency——Khoi Sac 新年礼盒　044

李甫印——话说中秋绘本礼盒　048

無非® 品牌——两只老虎力全开虎年礼盒　054

解构节庆包装的仪式感

节日

万物发生新年礼盒　065

虎年棒棒新年礼盒　068

WHO（虎）嗅蔷薇新年礼盒　071

CHALI 2022 新年瑞虎锦盒　074

虎年伴手礼游戏机礼盒　078

2020 Socked 新春赠礼　082

出光兴产新年寿司礼盒　085

牛气冲天牛年加油包　087

兔历　089

时光打字机日历　092

有虎气新年礼盒　094

Phùng Ân 新年礼盒　097

泰洋川禾新年礼盒　100

vivo 2021 新春赠礼　102

传统复新计划·冰封年礼　105

2022 再出花新年礼盒　107

Gift From The Heart 吉百利新年礼盒　110

好利来 2022 新年礼盒　113

茶果一色新年礼盒　116

红包挂耳咖啡新年礼盒　118

The Lân 新年红包　121

The Joy of... 红包礼盒　123

时光保鲜盒日历　126

生生不息中秋礼盒　128

咬文嚼字中秋礼盒　130

金秋大耶（ye）中秋礼盒　133

时间刻度艺术月饼礼盒　136

FLY ME TO THE MOON 中秋礼盒　138

盒合美美中秋礼盒　140

Bracom 魔法月饼礼盒　142

星月典藏和茗月共赏中秋礼盒　146

躺平 & 白日梦中秋联名礼盒　150

银河漫游舱中秋礼盒　154

YEPOM 中秋礼盒　156

小米 10 周年月饼音乐礼盒　158

成分实验室精华油礼盒　159

"盈·中秋"礼品卡　164

端"五"节日礼盒　166

传统复新计划·遂昌长粽　168

乐在其粽端午礼盒　170

龙腾端午·探索前行礼盒　172

SUCCULAND 端午礼盒　174

端阳忙种谷满仓端午礼盒　176

喜乐团圆元宵礼盒　178

Issey Miyake Men 圣诞节限定包装　180

缤粼圣诞礼盒　182

Printer's Cookies 圣诞赠礼　184

缪香圣诞礼盒　186

日月金"鹊"系列香薰蜡烛礼盒　188

茶颜悦色繁花似锦茶叶礼盒　192

庆典

华安药行 100 周年包装　197

有间茶铺 10 周年限定包装　200

福山咖啡 39 周年纪念包装　204

五朵里 LOVE & PEACE 蜡烛礼盒　208

精神食粮限定礼盒　210

OPEN FOR ALL 郭元益联名礼盒　214

中国李宁鞋盒系列快速充电器礼盒　216

百日礼盒　220

传音 2022 员工生日礼盒　224

喜果喜糖礼盒　228

蛋卷真香潮袜礼盒　232

内有猫腻礼包　234

何翔宇 & 梁琛双个展衍生品　238

巷贩小酒麻将礼盒　242

The Myth 限量版蜡烛礼盒　244

Welsbro 限定礼盒　248

Lunabio Botany 杯垫礼盒　250

唱吧 819 声优节礼品　252

PaperPlay 礼品袋　254

附录　256

节庆设计的思维突破法

北京先锋设计工作室，主张"智力有限，思维无限"。以平面设计介入品牌建设与管理，致力于与客户共创品牌视觉识别系统、IP形象系统、包装设计、印刷物、衍生周边和展览展示，以有限的形式，表现无限的创意。

喜茶"六一"儿童节
限定包装

★ 第 17 届亚太设计年鉴入选 ★ Award 360°2021 年度室内设计 10届 年度包装 ★ 第 12 届 Hiiibrand Awards 在线展

客户

喜茶

品牌属性

新式茶饮品牌

设计需求

以品牌理念"一直灵感"为起点，基于品牌的极简主义调性，设计"六一"儿童节包装。

思维突破法

在节庆的原生概念及表达习惯之外，寻找设计视角

突破点 #1

用极简概念放大节日喜庆的氛围

突破点 #2

用图形抽象地表达节日的特点

突破点 #3

颠覆节日的色彩联想

#1 节庆包装设计要让节日气息更加浓厚，刺激受众渴望拥有和分享，节日的特殊纪念意义才不会被忽视。智力有限设计工作室在这个"六一"儿童节限定包装设计中延续品牌的极简主义，并进一步极简化处理，抛却了喜茶品牌理念"一直灵感"中间接、冗杂的诠释方向，比如对灵感的解释、状态的描述、感受的形容等，只留下灵感带给人们的情绪上的感知——"喜"。"童心""天真""快乐"是儿童节给人最直接的印象，这种"喜悦"的概念也与喜茶的"喜"一脉相承。

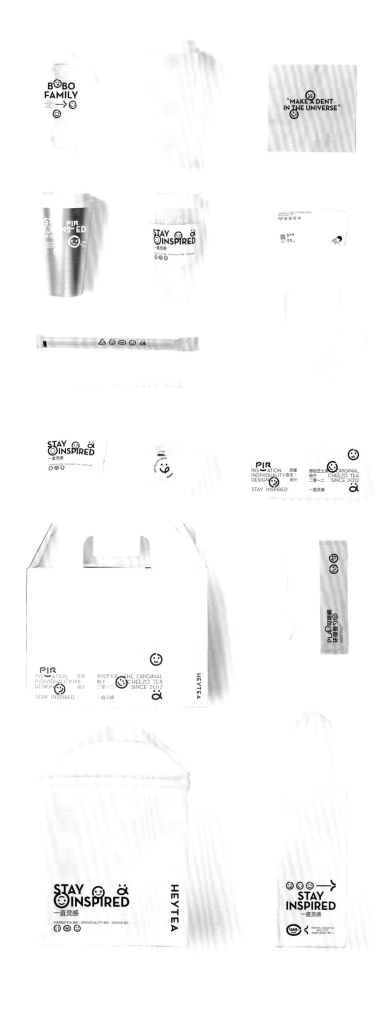

#2

包装上没有小朋友在一起玩得很开心的画面，也没有儿童绘画的特征。设计师更多的是采用抽象化的节日表达：用 17 个笑脸表情表达小朋友真实直接、无拘无束的开心状态。每张笑脸由简单随意的粗线条、不规律的断点与弯曲线段组成，表达"喜"的情绪。虽然它们都是开心的笑脸，但由于线段自由无拘，断线处无规律可循，而且由不同的人或同一个人在不同时间画都会有所差别，从而表明"每个人的快乐都不尽相同，每个人都独一无二"的观点。无拘无束，自然本真，这就是儿童的特性。

设计师还将笑脸拆解后重新组成新的样式，尝试在极简主义中工整、克制的表达里融入情绪的感知，产生既协调又矛盾的冲突感。

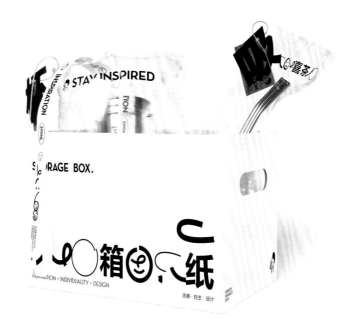

#3 大部分人对儿童节的联想是五彩缤纷的，这是每个大人对于孩子的真诚盼望。但在喜茶这套儿童节包装中，设计师选择沿用品牌极简的黑白配色。此包装最核心的视觉元素是 17 个表达"喜"的笑脸符号，这是为了将人们的注意力集中在笑脸这个元素上，所以去除了过多色彩的干扰。黑白配色在此正好能起到放大视觉元素的作用。

合伙人设计

深圳设计公司，以类似"合伙人"的身份作为客户团队中的合作者，致力于品牌设计、视觉识别、活动形象、产品包装、商业空间及印刷品设计。曾获德国 iF 设计奖、Pentawards 包装设计奖、亚洲最佳包装设计奖等国际权威奖项。

满月茶礼

★中国 GDC 设计奖银奖　★第 101 届纽约 ADC 年度奖银立方　★东京 TDC 奖优秀奖

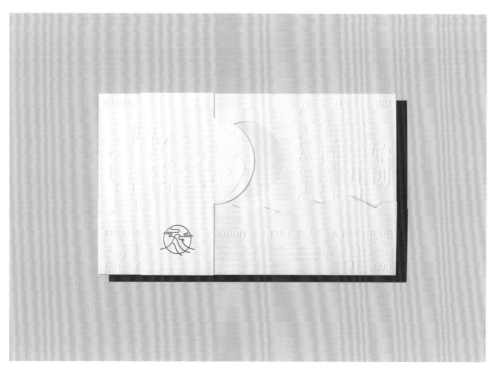

客户

有间茶铺

品牌属性

新式茶叶品牌

设计需求

结合品牌理念"执着、克制、质朴"，设计一款中秋礼盒，以提升品牌在年轻消费者心中的情感价值。

思维突破法

用清晰的信息，为品牌和受众建立情感与价值的联系

突破点 #1

用工艺展现节日及产品特征

突破点 #2

摒弃多余的包装元素

这份茶礼包含三款年份不同的白茶。合伙人设计将月满之意结合品牌理念，借由纸张的切割，勾勒出不同月相下的山脉景象，同时为了恰如其分地突出白茶的干净与细腻，在包装上除了使用凹凸工艺来表现细致的手感外，没有多余的元素。打开礼盒能看到不同年份的白茶以三个独立包装连成一幅月满山林的画面，细微之处让人回味。

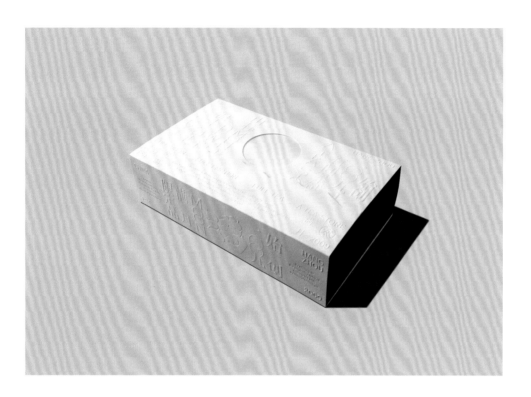

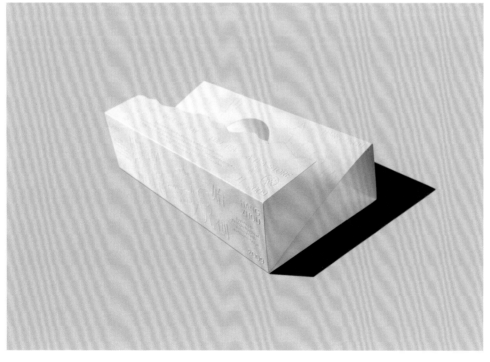

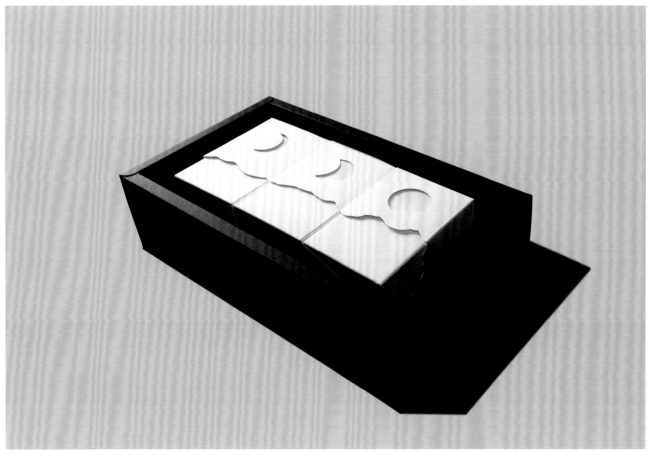

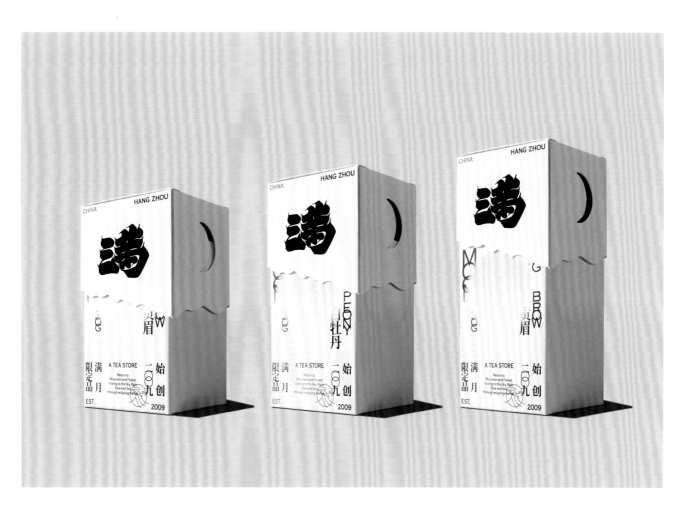

#2 现今市面上的礼品常以繁复的包装来体现质感，这个设计反其道而行之，通过摒弃多余的包装元素，运用设计方法来呈现茶礼应有的质感及品牌气质。包装利用三个镂空的几何图形呈现从新月到满月的过程，让收到茶礼的人感受到不落俗套的节日氛围。

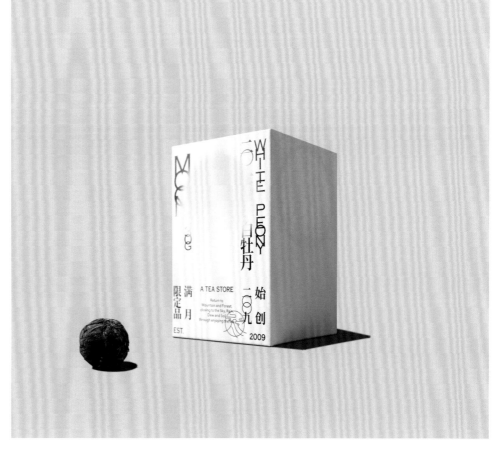

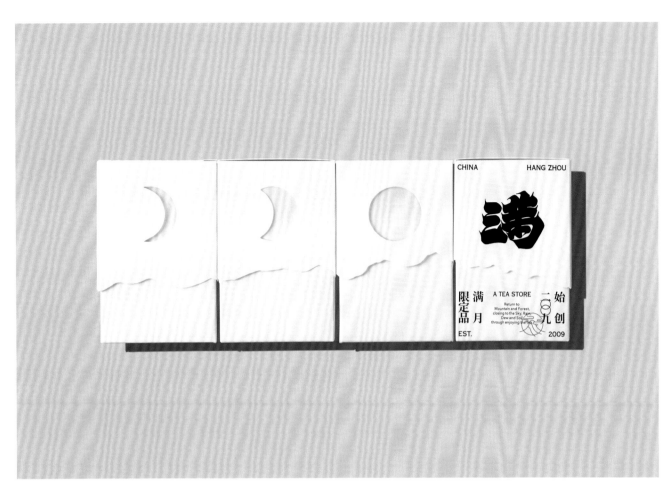

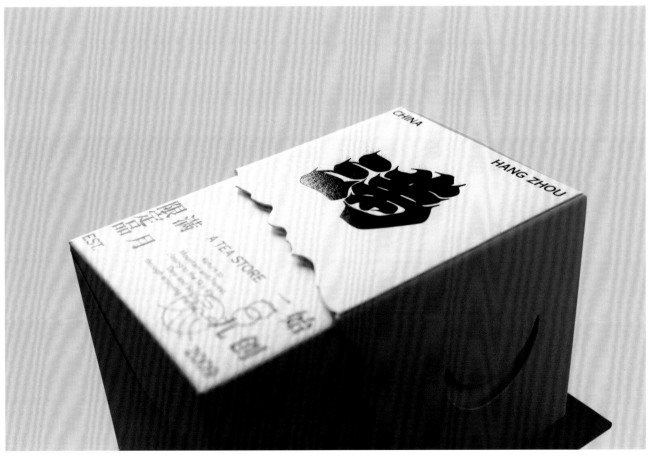

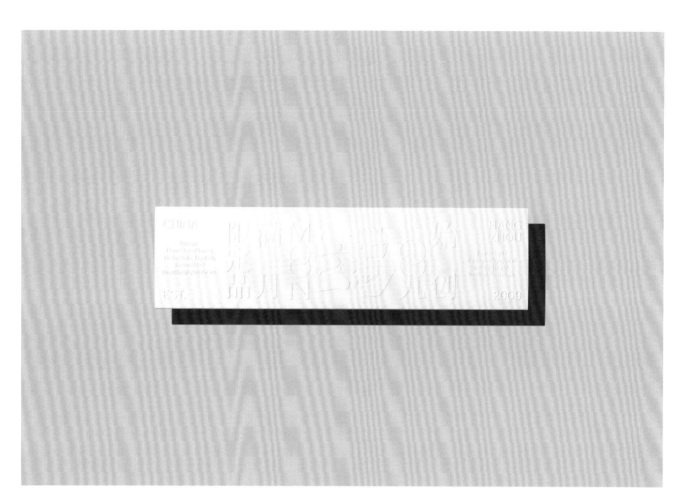

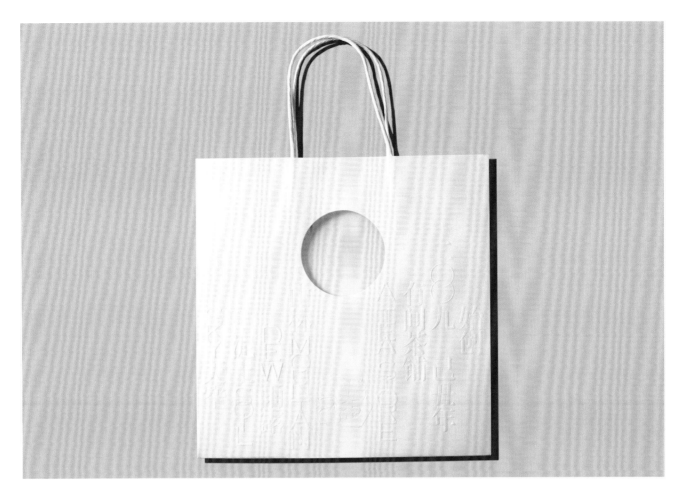

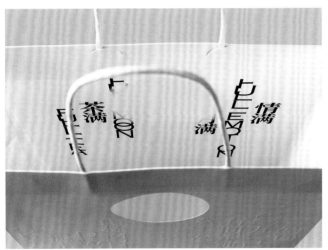

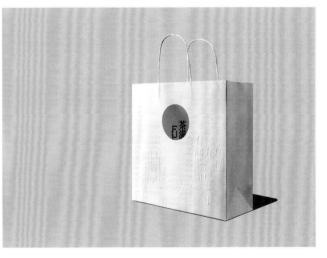

中国台湾知名设计公司，以"Your
Design Partners"（你的设计搭
档）为使命，致力于提供品牌设计、
视觉设计、角色造型、包装设计
及广告设计服务。曾获德国红点
奖、日本优良设计奖、金点设计
奖等国内外权威奖项。

茶籽堂
第 54 届金马奖
指定文创商品

★ 2015 年金点设计奖

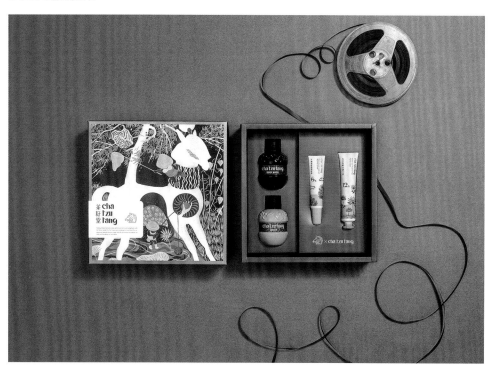

客户

茶籽堂

品牌属性

天然植物洗护品牌

设计需求

设计第 54 届金马奖指定文
创商品，紧扣茶籽堂及金
马奖的调性。

思维突破法

挖掘品牌与金马奖的关联性，创造专属表现手法

突破点 #1

用插画风格呼应品牌风格

突破点 #2

从大奖主视觉中延伸设计

茶籽堂 cha tzu tang

Seeking balance between nature and human, we long for compliance with the Mother Earth. Cha Tzu Tang is a pioneering green brand from Taiwan, generating harmony between nature and life and hoping our aromatic tea seeds can slow down our daily paste...

#1 这个设计以插画为主视觉，其主题为"赤子之心"，用以呼应第 54 届金马奖主题"电影之乐，乐在一同"的概念。在艺术家的细腻刻画下，金马变幻成孩子们的树屋，洗护产品的天然植物原料则构成了周围的环境。画面里的天真孩童，或垂钓，或采蜜，都是对电影工作者在实现登峰造极的路上，葆有童稚的好奇与无畏的一种致敬。这个作品充满温度，很好地呈现茶籽堂的品牌风格。

#2 有别于品牌以往使用的黑白版画，本次金马礼盒使用了彩色插画，让人联想到黑白电影与彩色电影的表现差异。第 54 届金马奖主视觉以电影《春光乍泄》为灵感，所以礼盒的插画融入了如光一般的蓝色，并刻画出孩童嬉戏的水池的粼粼波光。画面四周的缤纷色彩映照了创作者童稚的纯粹之心：不论身处何方，亦会坚守初衷，怀着这份执着与用心的态度前进。这些丰富的色彩经由 13 次色彩层次堆叠印刷而成，寓意电影制作也是经过如此缜密安排的结果。

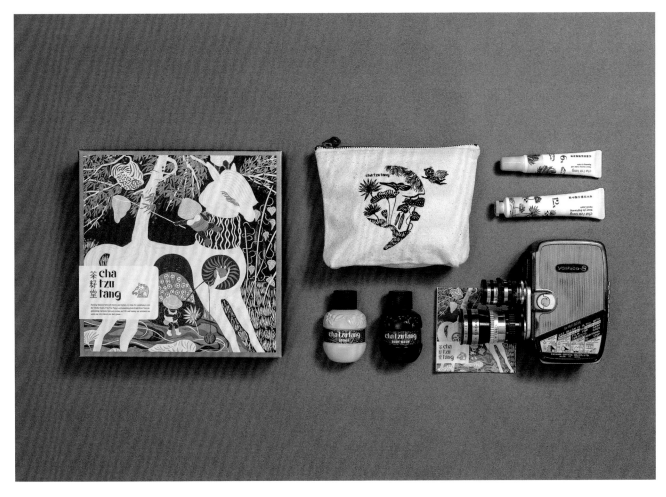

b* enjo*
compan*

不亦乐乎
设计工作室

福建创意设计工作室，主张用视觉功能语境推动品牌传播策略，提供品牌形象建立、视觉体系营造、产品包装创意等设计服务。曾获中国 GDC 设计奖、德国 iF 设计奖、DFA 亚洲最具影响力设计奖等国内外权威奖项。

FIL 密码礼盒

★ 第 17 届澳门设计年展入选　★ Award 360。2021 年度设计奖年度提名　★ 第 12 届 Hiiibrand Awards 优异奖

客户

FIL Gallery

品牌属性

服装买手店

设计需求

为品牌一周年设计咖啡月
饼礼盒，体现品牌不受约
束的特性。

思维突破法

从可无限变化的品牌视觉中进行延伸设计

突破点 #1

将抽象的品牌形象视觉化

突破点 #2

扩大品牌配色的范围值

突破点 #3

以重复性视觉体现品牌特征

#1 FIL Gallery 是一家服装买手店，品牌名"FIL"在法语中是"线"的意思，因此品牌的视觉识别系统是以一条线组成的。品牌一周年之际，设计师用毛线织品的编织手法，呈现视觉上看似有规律可循、实则不可机械化量产的手工感。这种手工感表现在机械规律的环境里背离逻辑的生动状态。他们将这种状态转化成文字与图形等视觉语言，创造出品牌在发展阶段不受任何因素（包括设计师自身）约束的生命力。

另外，粗糙的毛线就像是小朋友稚嫩的笔触，代表了迎来一周年纪念的 FIL Gallery "刚刚开始，慢慢成长"的状态。

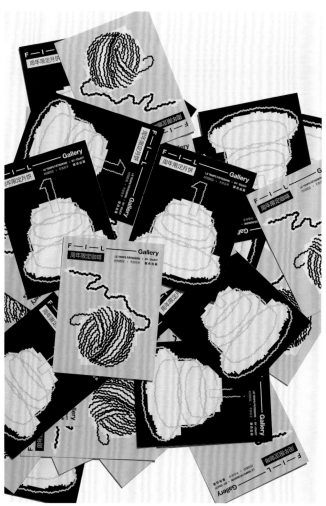

由具有手工质感的毛线元素构成的视觉语言

包装上使用击凸工艺得到的重复性毛线符号

#2 黄、黑、灰色是不亦乐乎设计工作室此前为该品牌建立形象系统时设定规范的标准色，但为了表现品牌一周年之际继续进步的寓意，同时也为了兼顾绳子与礼盒、元素与背景等搭配效果，这次设计扩大了配色范围。每组配色都经过充分对比，凸显出极强的色彩张力。

#3 新的配色和重复的视觉符号突出了节庆的氛围感和品牌视觉。在包装材质和工艺上，选用质感特殊的原色特种纸，配合击凸工艺，将视觉元素做成包装纹理。这样消费者远距离就会首先发现品牌色的细微变化，近距离则能直接感受到品牌元素的质感。

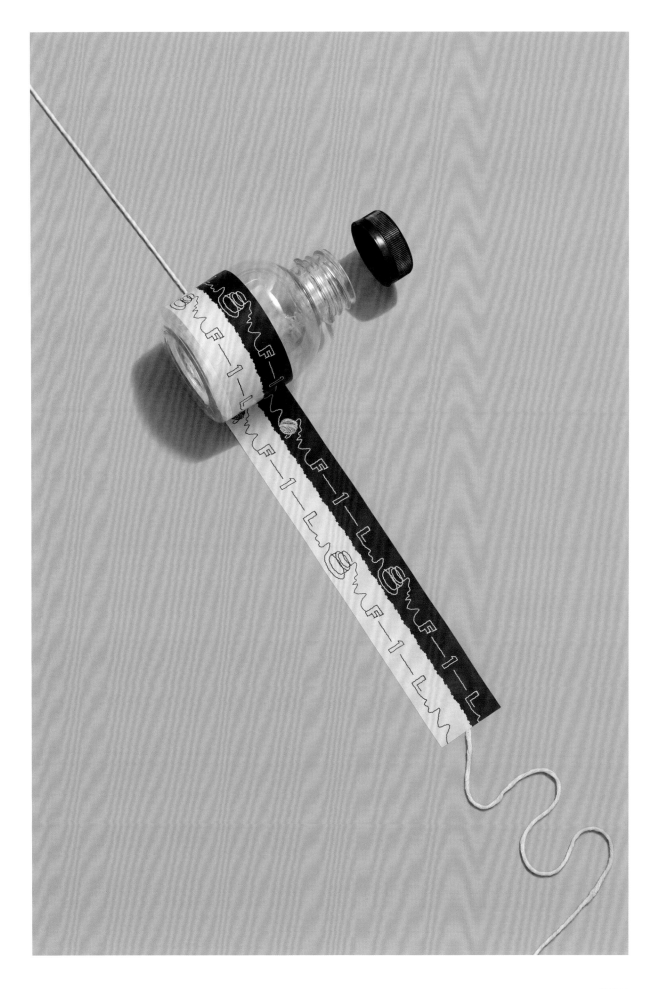

姜康

资深包装设计师，致力于包装设计的创新，服务过宝格丽、欧莱雅、周生生和 I do 等国内外一线及新兴品牌。

MAC 梦幻糖果屋
公关礼盒

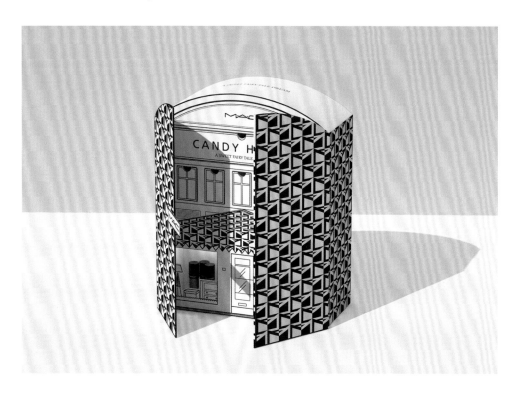

客户

MAC

品牌属性

时尚彩妆品牌

设计需求

为"糖果"主题的彩妆产品设计公关礼盒，给明星和网红做开箱推广使用。

思维突破法

从使用场景中挖掘包装的差异性

突破点 #1

交互性工艺增加包装记忆点

突破点 #2

用简洁配色烘托多彩产品

为了与市面上的彩妆礼盒形成较大的差异，强化推广效果，姜康以"梦幻糖果屋"为设计概念，将礼盒构建成一个黑白的立体房子。打开礼盒，首先呈现在眼前的是一家黑白"糖果屋"，拉出上方的"店招"和"窗户"，就能找到屋中的糖果——MAC 棒棒糖系列眼影和唇釉。下方的左右两个橱窗内分别加装了灯带，打开盒子即可触发开关，亮起暖黄色的灯光，让人犹如置身梦幻世界。

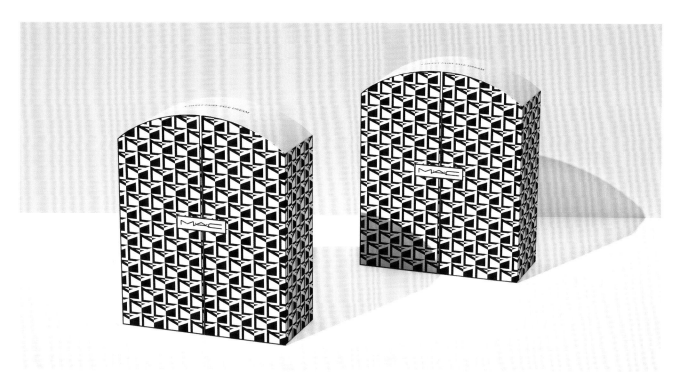

#2 设计师有意避开"糖果"概念常见的色彩斑斓的视
觉呈现，只用黑白两色构建"糖果屋"。简洁的配
色给人耳目一新的感受，且更能烘托出五彩缤纷的眼影和唇釉。

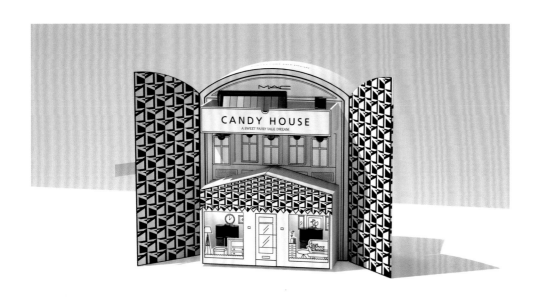

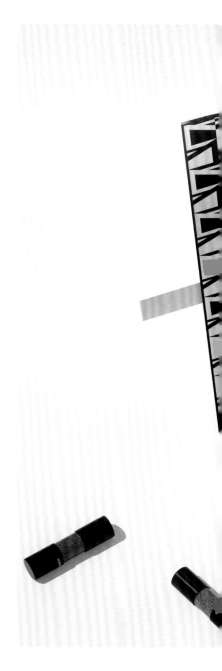

Kreatives

成立于美国加州的设计公司，秉持以人为本的设计方法，根据不断变化的用户需求，为客户提供满意的品牌策略和综合型设计服务。合作客户包括谷歌、宝马、纽约现代艺术博物馆等国际知名品牌与机构。

盒装餐店

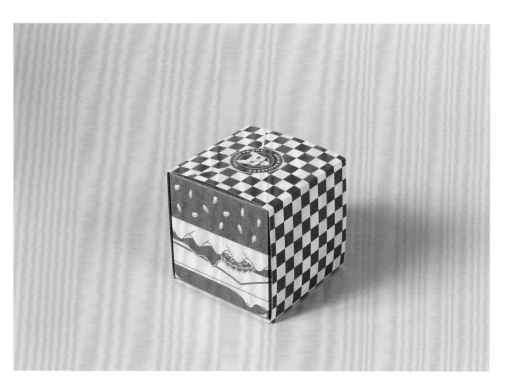

客户

Kreatives

品牌属性

设计公司

设计需求

结合品牌特色，设计品牌成立五周年纪念的新年礼物包装。

思维突破法

基于品牌文化，寻找创意关联点

突破点 #1

将品牌文化可视化

突破点 #2

寻找与品牌色强关联的元素

突破点 #3

借包装结构和填充物制造惊喜

#1 Kreatives 成立于美国加州的旧金山，当地温暖愉悦的氛围成为其公司文化的一部分，也成就了公司的待客之道——如加州的美式汉堡店那般热情好客。不同的是，Kreatives 提供的是设计与策略，而不是汉堡、奶昔和鲜煮咖啡。而从事创意行业的人应该知道，创意想法和执行方案，通常出自喝下一杯杯咖啡后的灵感。

为了融合这两点，Kreatives 把美式汉堡店里喝咖啡用的经典马克杯，作为 2021 年的新年礼物，同时也是公司成立五周年纪念的公关礼物，并在杯身印上公司的待客宗旨："无微笑，不服务。"（NO SMILE, NO SERVICE.）除了马克杯，礼物还包含趣味贴纸、公司年度总结板纸和甜甜圈纸杯垫。整个包装被伪装成汉堡盒的外观，从整体上营造出汉堡店的感觉。

#2 作为该公司成立五周年的纪念礼，包装也使用了公司的品牌色：白色和橙红色，而这正是 20 世纪 50 年代美式汉堡店的经典配色。这个配色方案同样使用在盒内所有衍生品的设计上。除了这两种主色调以外，为了把泡沫填充物做成炸薯条的外观，额外增加了黄色。外盒则保留牛皮纸的原色，搭配图案的白色。

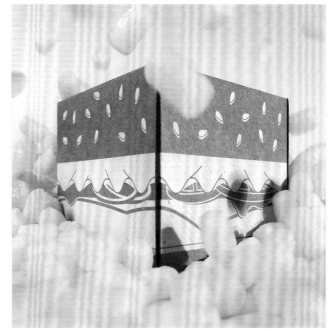

#3 这份礼物的重头戏在于拆箱体验，外盒做成汉堡外观的"爆炸盒子"[1]。摘掉红白格纹的封套后，映入眼帘的是盒子上一句暖心的话："你是我们这些炸物的番茄酱。"（YOU ARE THE KETCHUP TO OUR FRIES.）──意为"你令我们变得更好"。所以在打开盒子，看到忽然蹦出来的"炸薯条"时，大家都忍不住笑了。这些炸薯条其实是环保型黄色泡沫填充物，既能制造拆箱惊喜，又能保护盒内的杯子在运输过程中免遭撞损。在汉堡盒内的底部，还印有看似用番茄酱拼写出来的"THANK YOU！"（谢谢你！）字样。

1 打开盒盖后，盒身会快速向四周展开，就像爆炸一样，因而得名。

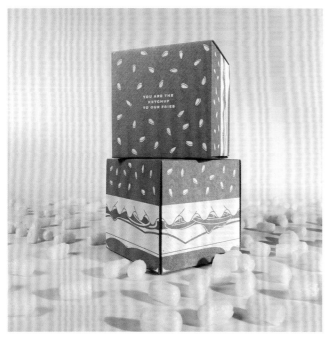

条件反射设计

哈尔滨设计公司，主张品牌即条件反射的结果，注重品牌的综合体验，为不同领域的客户提供多领域设计及咨询服务。合作客户包括喜茶、好利来、盒马鲜生等国内知名品牌。

Seesaw 咖啡超牛
回弹乒乓球礼盒

客户

Seesaw 咖啡

品牌属性

精品咖啡品牌

设计需求

创作一款牛年礼盒，让收礼人获得特别的拆礼体验。

思维突破法

除了外观，设计还要注重拆礼体验的全过程

突破点 #1

大胆想象与生活强关联的设计概念

突破点 #2

以玩乐的心态糅合无关联元素

#1 中国"国球"乒乓球是一种技巧、力量和速度结合的全球流行的运动。条件反射设计大胆猜想它可以成为人们居家必备的理想运动，特别是在疫情防控期间，乒乓球可以成为室内运动的主角：一人颠球，可培养专注力和耐心；单人击打，能挑战更棒的自己；双人对抗中，标准的球桌能保证有效的安全距离。

#2 这个以乒乓球为概念的咖啡新年礼盒，将毫无关联的牛年、乒乓球和咖啡三者联系起来，带给收礼人一次无厘头的欢乐拆礼体验。

礼盒内含 1 只迷你球拍、6 只内藏咖啡味巧克力的定制乒乓球、1 盒挂耳咖啡、1 份礼物使用指南和 1 套创意祝福卡。设计师想象并设计了人们收到礼物的全过程：刚开始因收到牛年相关的礼物而感到愉快，仔细端详却发现是和新年无关的乒乓球礼盒而感到疑惑，直到打开礼物发现其实是咖啡产品而产生惊喜，阅读使用指南后终于感受到礼物的诙谐之处和拆礼物的乐趣。

042

Bracom Agency

越南胡志明设计公司，专注于品牌设计、包装设计、3D 设计、动画制作、UI 及 UX 设计，通过为品牌建立策略和视觉识别系统来发展品牌形象。曾获美国缪斯设计奖、Dieline Awards 国际包装设计奖、美国印制大奖等国际权威奖项。

Khoi Sac
新年礼盒

客户

Bracom Agency

品牌属性

设计公司

设计需求

为公司员工设计一款能体现越南文化的新年礼盒。

思维突破法

赋予传统文化符号以现代化的面貌

突破点 #1

传统文化与现代设计相结合

突破点 #2

用节日的象征性符号营造氛围

突破点 #3

以现代工艺重现传统之美

#1 这是 Bracom Agency 为员工准备的新年礼盒，礼盒名"Khoi Sac"的意思是"盛放的鲜花"。为了突显公司所在地胡志明市的美及新春气息，礼盒的设计结合了传统的文化符号和创新的现代化视觉语言——借用胡志明市老建筑的窗栅形象，刻画出五彩缤纷的鲜花在窗户后盛放的画面，以此象征人们用鲜花装饰房屋迎新年的场景，营造繁华热闹的新春气息；同时也借此祝愿每位员工都能度过一个充满希望的新年，快乐、好运和成功相伴，富贵又荣华。

#2 内盒上描绘越南新年常见的菊花、康乃馨和伽蓝菜，期许这些鲜花图案能让员工家里焕发新春气息。鲜花图案以丝网印刷工艺在绿色、黄色、橙色的特种纸上印制而成。其中，绿色代表植物和大自然，黄色代表新春的第一缕阳光，橙色则代表全新开始的活力与能量。

#3 这款礼盒的一大亮点，就是套在内盒上的牛皮纸窗栅，再现了胡志明市老式窗户的构造：窗户最外层是百叶窗，打开之后还有一层花纹窗栅。给长条形的橙色内盒套上纸质百叶窗，让盒子看上去就像一扇半开的窗户；给正方形的黄色和绿色内盒套上纸质花纹窗栅，模仿打开后的窗户。

多个内盒拼凑在一起，就能形成一栋"公寓楼"。这个设计从市内一栋实际存在的建筑得到灵感，所以这也是他们给员工设计的特别邂逅，可以按图索骥在胡志明市内尝试找出对应的那栋楼！

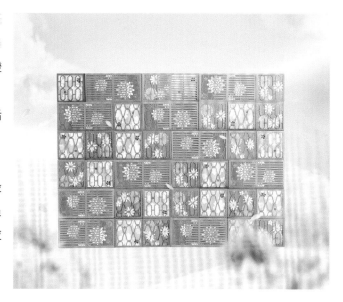

中国包装联合会设计委员会委员、
ICAD 国际商业美术高级设计师。
曾获德国 iF 设计奖、红点设计奖、
Pentawards 包装设计奖等国内外权威
设计奖项。

"话说中秋"绘本礼盒

★全国国际设计大奖赛优秀作品设计 ★中国国际设计空间奖 ★中国包装之星银奖

客户

中荣印刷集团
股份有限公司

品牌属性

包装印刷服务商

设计需求

区别于市面上已有的包装
形式，设计需体现礼品属
性、文化传承、简约的视
觉和互动性，并附带文创
产品。

思维突破法

以讲故事的形式，满足消费者多元化情感需求

突破点 #1

挖掘消费者深层的情景需求

突破点 #2

用包装结构构建具有共鸣性的
场景与情景

突破点 #3

往古典注入现代元素

#1 中秋节是中国重要的传统节日之一。设计师在调研期间，询问年轻人过中秋的意义时，得到的回答更多的是团圆、放假等，对嫦娥奔月、吴刚伐桂等中秋节神话传说知之甚少。此外，市面上充斥着各种过度包装的月饼礼盒，增加了生态环境的负担。

基于上述社会现象，李甫印开发了这款"话说中秋"绘本礼盒，将中秋神话中的人物与场景进行重塑，然后把整个故事通过设计变成可互动的绘本式礼盒。

#2 这不仅是一份礼盒，还是一本中秋神话故事的立体绘本，相当于一场关于中秋故事的"脱口秀"，既构建了场景，又触动了情景，带给消费者全新的互动体验。

盒中用来固定月饼内盒的 6 个凹槽被改造成 6 张立体贺卡。拨动礼盒两侧的滚轮，即可透过礼盒正面的圆孔（内置放大镜），滑动观看 6 个中秋神话故事。产品说明书也被转换成神话故事的涂色绘本，让人们与包装产生充分的互动。

月圆月缺盒

6个月亮的故事线稿，取出后可填色

透光

立体卡

两侧可推，转动画面

放大镜

65mm

239mm   252mm

#3 礼盒主视觉由波普风格的"话说中秋"四字组合。李甫印往"话""说"两字中嵌入嘴巴图形，在增加趣味性的同时，也表明这份礼盒是一场围绕中秋节话题的"脱口秀"。"中"字与月兔形象的结合，增添了几分亲和力。在烫透纸上应用浮雕击凸工艺，使得字体呈现出立体的效果。

立体绘本的插画部分以当代视角重构中秋神话故事的人物形象和场景。得到丰满的嫦娥形象以及机器人在伐木的场景等，让传统节日告别刻板印象，给人们带来轻松的体验感和新鲜感。

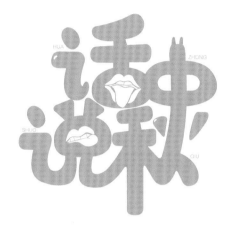

無非®Brand

云南创意设计公司，以品牌设计、视觉设计、包装设计为核心，将设计角度着眼于市场与消费观点上，协助客户从同性质的产业中找出准确的品牌形象与定位。合作客户包括云南白药、昆明冠生园、力拓集团等国内外大型企业。

無非®品牌

两只老虎力全开
虎年礼盒

客户

無非 ® 品牌

品牌属性

设计公司

设计需求

以"让收礼人获得特别的拆礼体验"为核心理念，设计一款新年礼盒。

思维突破法

考虑使用频次及场景，让限定设计"不限定"

突破点 #1

视觉设计紧扣礼盒造型

突破点 #2

用多元化风格扩大使用场景

突破点 #3

以可动装置提升互动性

这个案例把老虎的纹样作为礼盒视觉设计的出发点。

首先以"虎纹"作为图形设计的切入点，其识别性及延展性在设计表现上更具优势，能以小见大地突出虎年的情感氛围、年轻化的设计需求以及对使用场景的考虑。

其次，提取虎爪的形态作为字体设计的灵感，融合行书的笔势，以达到虎力全开、虎虎生风的意境。笔画结构吸取了传统书法挺拔、饱满、流畅的笔意特征。"福"字的风格特征比其余文字更加张扬，充当对联的视觉中心，整体呈现出热闹、奔放和喜庆的春节氛围。

结合虎纹元素的图形设计

对联上虎虎生风的字体设计

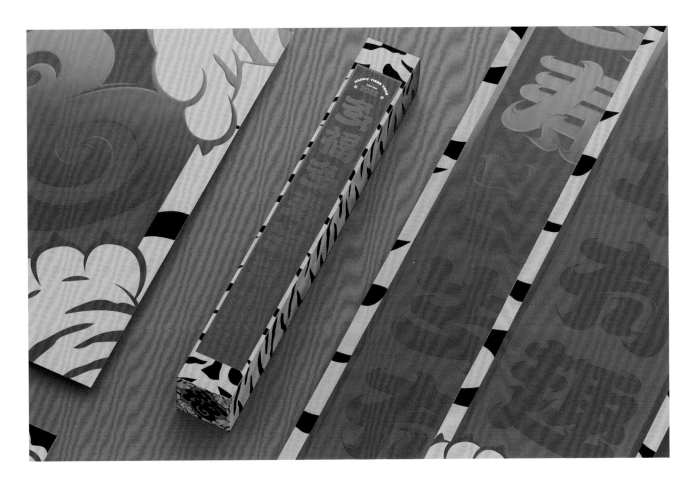

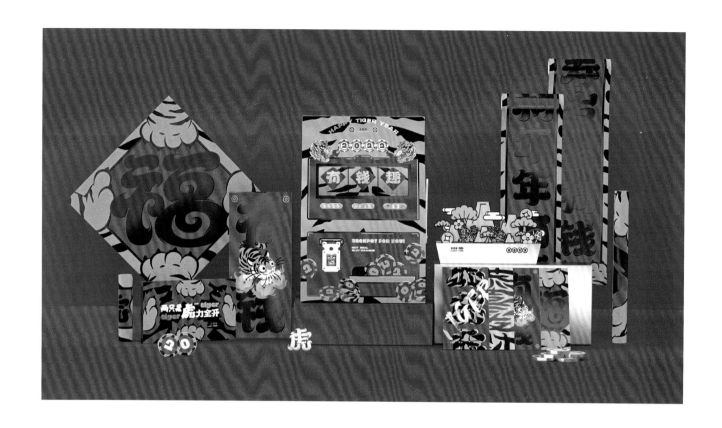

外盒的插画着重表现虎的外貌特征，再结合游戏机的造型及摇杆玩乐功能，以及新年元素来提升虎年氛围。内容物的插画着重突显好玩、有趣、年代感和新年氛围等，同时融入寅虎形象。例如，虎年表情包和日历插画主打好玩有趣；虎年海报则体现年代感，就像过年时家里贴的名人写真图和代表大展宏图的年画等。每款红包更是绘有不同的插画，以满足不同的应用场景。

趣味性的日历插画

年代感强烈的海报

绘有不同插画的红包

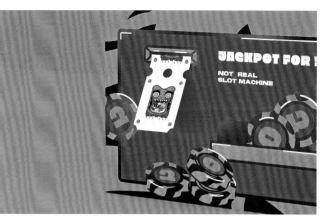

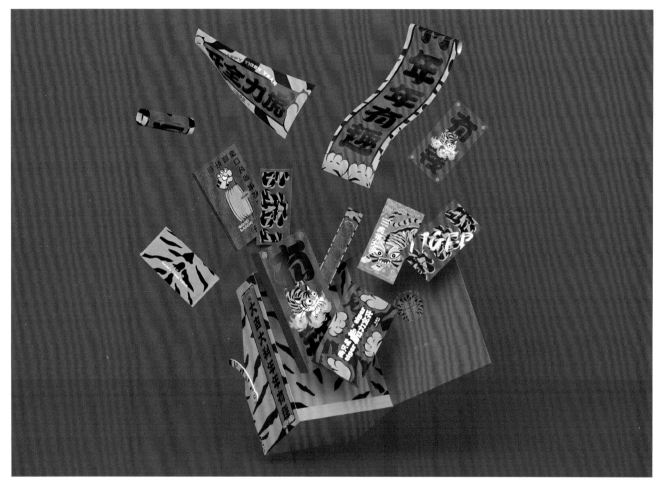

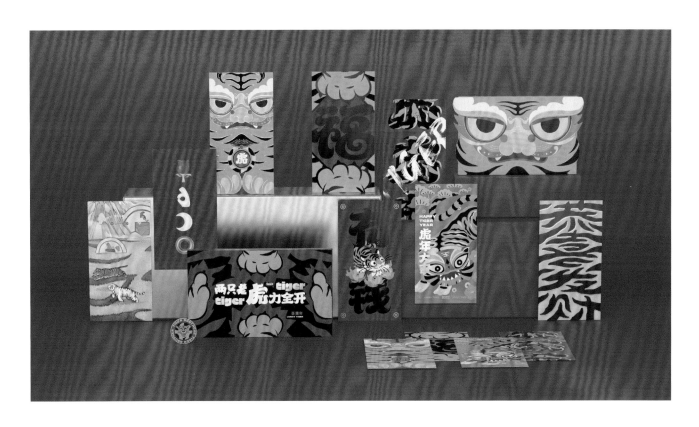

A   代理公司   Agency

AD   艺术总监   Art Director

CD   创意总监   Creative Director

CL   客户   Client

D   设计师   Designer

DC   设计公司   Design Company

DD   设计总监   Design Director

ILL   插画师   Illustrator

PD   产品设计   Product Design

PN   项目名称   Project Name

A   代理公司   Agency

AD   艺术总监   Art Director

CD   创意总监   Creative Director

解构节庆包装的仪式感

节日

万物发生新年礼盒

万科旗下的农业品牌"八十八仓"与创意内容厂牌"印唰厂"联名，向大众推出了这款年货礼盒。礼盒的设计灵感来源于"印唰厂"的名称。以"字体排印"为创意概念，采用抽屉式外盒搭配多个不同规格的内盒，表达字体排印的组合理念。每个盒子上鼓舞人心的文案，都能令人直观地感受到在万物复苏的春天，农作物在悄然生长，人们也在不断成长，万物时刻都在拥抱希望。

DC：五克氮创意设计　CL：八十八仓　| ★全球华设计大奖铜奖　★DGL 国际艺术创意设计大赛一等奖　★《中国创意设计年鉴》金奖

设计点 × 仪式感：字体

礼盒主题的"万物发生"四字使用中国近现代书法，其余文字则用充满现代感的字体融合数字和图形，以体现字体排印的自由排印概念，同时展现新生态的文字之美。

设计点 × 仪式感：材质

外盒采用灰板裱镭射银卡，以多彩的视觉营造热闹的新年氛围。内盒使用多种艺术纸，体现字体文化的丰富性与深度。

设计点 × 仪式感：工艺

盒身使用击凸、烫金、UV 印刷等多重工艺，让文字更显立体，模拟出字体排印的字块效果。

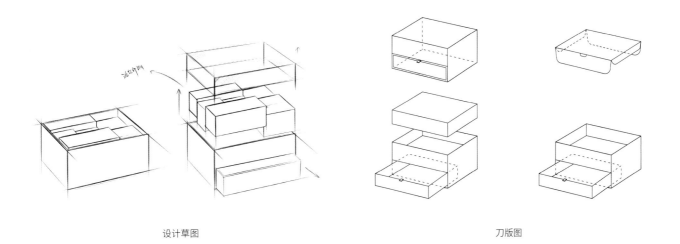

设计草图

刀版图

C10 M70 Y50 K0

C70 M30 Y60 K0

C20 M30 Y50 K0

C75 M70 Y0 K0

C0 M0 Y0 K100

C85 M55 Y20 K0

C0 M0 Y0 K10

虎年棒棒新年礼盒

设计公司川合创意以老虎尾巴为创意灵感，将员工的虎年礼盒做成老虎尾巴状的圆筒。圆筒内装有定制的直尺、胶带、铅笔、贴纸、年历和徽章，期许大家用虎尾（圆筒）接住好运，用虎尺量出好运，用虎胶带绕出好运，用虎笔画出好运，用虎贴纸贴出好运，以虎历见证好运，佩虎章带来好运，在 2022 年从年初虎（福）到年尾。

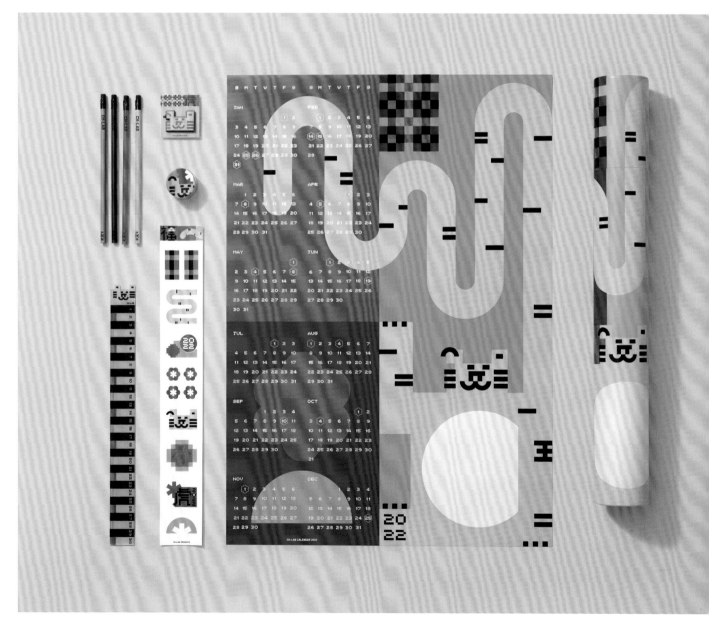

DC: 川合创意　D: 吉志清、孟嘉扬、叶诗琪　｜　★第 19 届山西设计奖专业组二等奖

设计点 × 仪式感：图形

　　将传统的老虎形象设计成几何形的小老虎造型，带来新颖的趣味视觉效果。同时用几何图形将虎纹拆解重组，形成独特的图形应用在各个物料中。

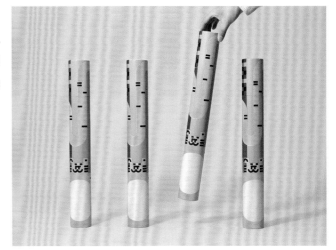

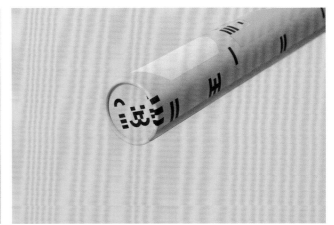

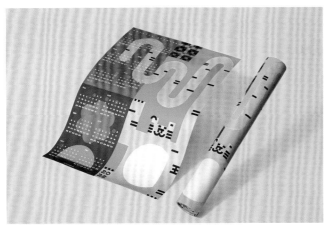

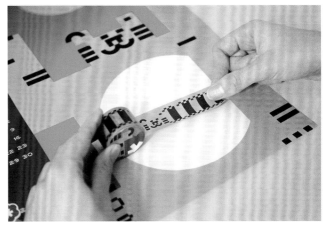

设计点 × 仪式感：图形

设计点 × 仪式感：配色

选用大红色、金黄色、蓝绿色等传统年货的配色，然后进一步优化色彩参数，调出更鲜明、更年轻化的色调。

| PANTONE 7724C | PANTONE 806C |
| PANTONE 137C | PANTONE 2728C |

WHO（虎）嗅蔷薇新年礼盒

万田设计在虎年为员工准备了 WHO（虎）嗅蔷薇新年礼盒，内含线香、香插和香盘。礼盒的设计概念源于经典诗句"心有猛虎，细嗅蔷薇"，寓意人们即使抱有再远大的雄心，也会被那一抹温柔甜香折服。

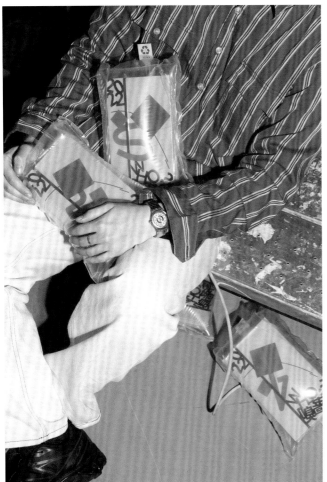

DC：万田设计　D：张正然

设计点 × 仪式感：图形

　　灰板上的月历日期被打散排列，黑色数字表示周末，白色数字代表工作日，以此强调日常的休憩时光。蔷薇花在这个包装设计里并非只是一个视觉元素，其花茎里有线香，点燃即散发芬芳。

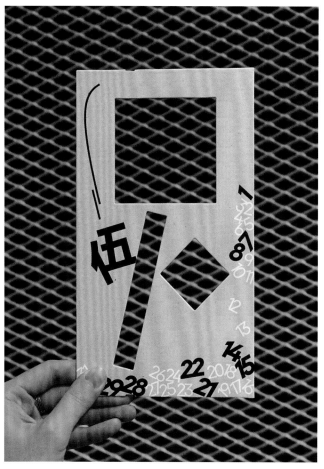

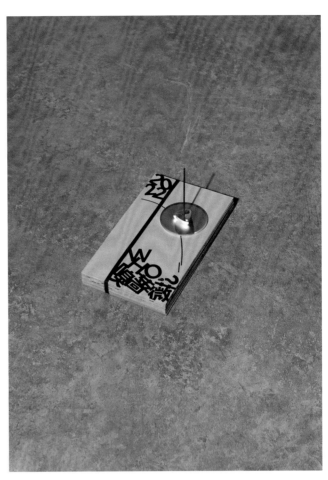

073

CHALI 2022 新年瑞虎锦盒

DC: TUSHI Design   CL: CHALI | ★第 18 届亚太设计年鉴入选   ★《GTN9 包装呈现》入选

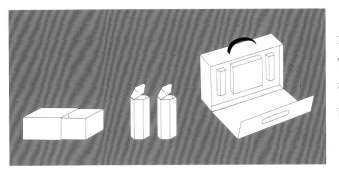

礼盒的构成

这是新式茶饮品牌 CHALI 在虎年新春之际上市的茶包礼盒。外盒以"瑞虎纳福"作为主视觉画面，"HAPPY FULL YEAR"将"Full= 虎 = 福 = 富"的含义加入其中，传达虎年吉祥顺遂的美好祝福。茶饮产品"棒棒奶茶"的盒子模仿鞭炮造型，巧妙结合了新春的鞭炮声，传递出喜庆欢乐的新年氛围。

设计点 × 仪式感：插画

以中国传统木版年画风格呈现包装上的瑞虎，洋溢着浓浓年味。画中两只碰杯的瑞虎憨态可掬，给画面增添了活泼的趣味感，营造出新春团圆欢聚的场景。

设计点 × 仪式感：字体

主视觉字形的灵感是礼物缎带，笔画风格如缎带般充满装饰性，而又端庄大方。礼盒两侧的字体基于小篆设计而成，充满浓厚的中式文化之韵。

设计点 × 仪式感：包装结构

在盒面正中心镶嵌"幸运转盘"，转动圆盘即可出现从腊月二十七至正月初九共 12 张年俗画日历图案，以此增加礼盒的互动性和趣味性。

PANTONE 1505C

PANTONE 10403C

C2 M11 Y16 K0

PANTONE 1355C

C20 M20 Y0 K100

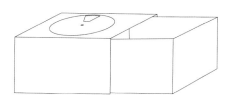

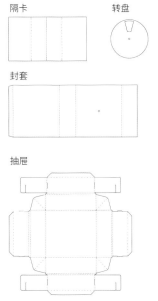

隔卡

转盘

封套

抽屉

刀版图

虎年伴手礼游戏机礼盒

专注于海外手机游戏研发的乐易公司在 2022 年推出的这款虎年礼盒，化身为简易版"游戏机"，上下滑动侧面的零件即可切换正面的画面。礼盒内含护身符、红包、春联、"福"字和笔记本等新年节庆礼物。此外还有一个印有乐易公司吉祥物"YOLO"的手机支架。为庆祝虎年的到来，"YOLO"头戴虎头帽，身穿红衣。整套包装充满着浓厚的新年气息。

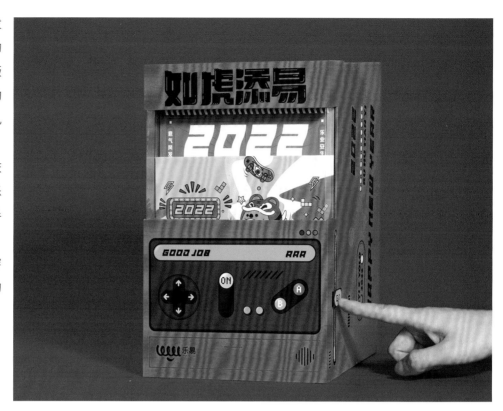

DC：直径品牌顾问（深圳）有限公司　CD：郭静　ILL：张丹琳　D：周明、柯棋、林乃力　CL：深圳市乐易网络股份有限公司

设计点 × 仪式感：图形

外盒图形采用扁平化风格，礼盒正面的虚拟按键和侧面真实可玩的零件结合，给人充满惊喜的体验感。

设计点 × 仪式感：插画

礼盒的核心形象描绘了"YOLO"坐在虎头火箭上直冲云霄，寓意乐易公司的发展如虎添翼。红包的插画描绘了经典的春节活动场景，如贴春联、包饺子、放鞭炮、打游戏和送元宝等，传递浓郁的年味。

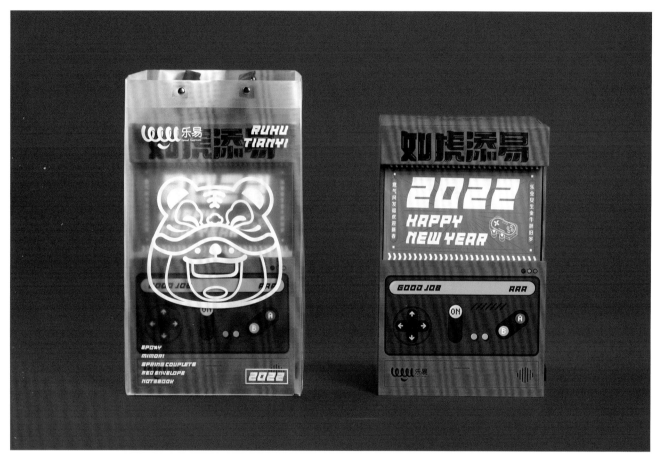

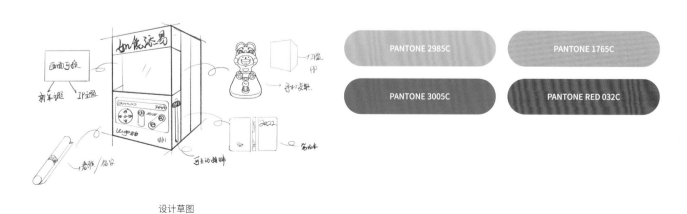

设计草图

PANTONE 2985C

PANTONE 1765C

PANTONE 3005C

PANTONE RED 032C

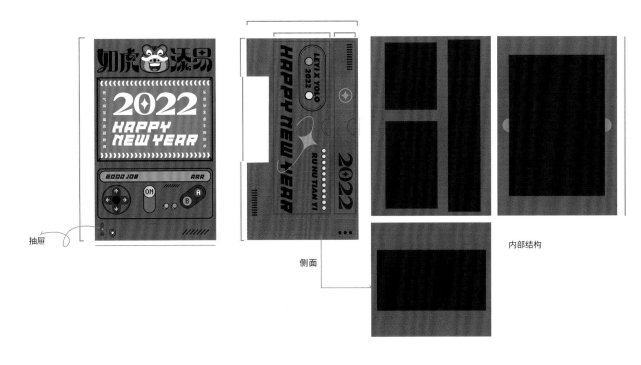

抽屉

侧面

内部结构

刀版图

2020 Socked 新春赠礼

设计公司 Kreatives 认为，每次设计合作早期就像穿着不合脚的鞋子那般痛苦，让一路走来的人们双脚磨出许多"水泡"。为了致敬这些见证着自我努力的"水泡"，他们为客户和朋友量身定做了这份居家办公专用的袜子礼盒，以此开启美好的崭新一年。解开鞋子造型包装上的鞋带，即可收获一双温暖舒适的袜子。同时，用来"行走"的袜子还暗藏着 Kreatives 想继续与客户朋友们并肩前行的心意。

DC：Kreatives　　　|　　★ 2021 年 Dieline Awards 国际包装设计奖一等奖

设计点 × 仪式感：图形

礼盒共分为三种风格的"鞋子"包装和袜子，以匹配不同类型的客户朋友：商务风的皮鞋包装搭配几何图案的袜子，休闲风的运动鞋包装搭配五彩纸屑图案的袜子，搞怪风的凉鞋包装搭配毛脚图案的袜子。

设计点 × 仪式感：配色

商务风的皮鞋包装选用深蓝色，以平衡"严谨"与"趣味"的调性。休闲风的运动鞋包装采用经典的白色底色加彩色条纹搭配，得到白色、粉色和绿色的新鲜组合。搞怪风的凉鞋包装以公司品牌色橙红色搭配淡蓝色，令任何肤色的人都觉得有趣舒适。

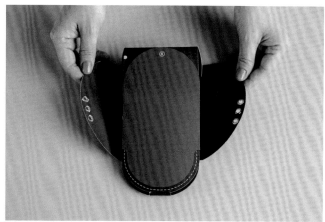

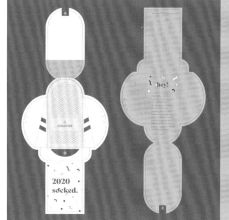

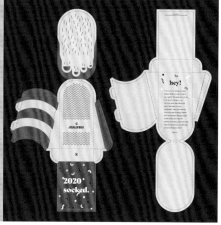

刀版图

出光兴产新年寿司礼盒

OBKstandart 作为日本石油公司出光兴产在白俄罗斯的经销商为客户定制了这款寿司礼盒。三个内盒仿照出光兴产的总部大楼造型，每层楼的日本漫画插画生动有趣、色彩缤纷，展示了多元、有活力的日本生活，也借此让客户感到亲切。

DC：Moloko Creative Design Agency　CL：OBKstandart

设计点 × 仪式感：包装结构

    盒子塑造成出光兴产总部大楼的造型，展现公司的朝气蓬勃；绘以日本漫画风格的插画，传达大众对日本文化的标志性印象。

设计点 × 仪式感：配色

    用明亮的红色、蓝色、黄色和紫色，展现日本生活的丰富多彩。

C0 M93 Y93 K0

C95 M78 Y0 K0

C1 M17 Y93 K0

C39 M0 Y6 K0

C66 M21 Y0 K0

C82 M9 Y82 K1

C4 M88 Y0 K0

C50 M62 Y0 K0

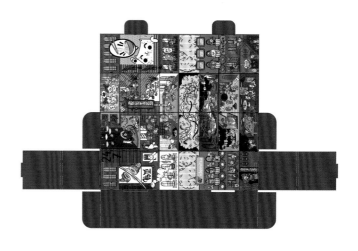

刀版图

牛气冲天牛年加油包

为鼓励员工在疫情防控期间保持活力，设计公司川合创意将员工的牛年福袋做成充气包装，往里面注入满满的"牛气"。福袋内含充气对联、茶包、杯垫、笔记本、便利贴和红包。充气对联"牛气"加油棒可用来为自己打气；"你真牛"笔记本和"好记性"便利贴可用来记录新年点滴；"快乐"红包用来装入"快乐钱币"，给人带来欢乐与祝福。

设计点 × 仪式感：包装文案

包装文案活用各种谐音梗，例如牛（扭）转乾坤、多如牛毛、牛气冲天等，带给人会心一笑的快乐与能量。

DC：川合创意　D：俞恒翀、杨烨、叶文婷　│　★ 2020 年 Hiiibrand 国际品牌标志设计大奖

设计点 × 仪式感：配色

借用铝箔原色、金色、红色等精神又喜庆的颜色，传达自信、活力和好运的美好祝福。

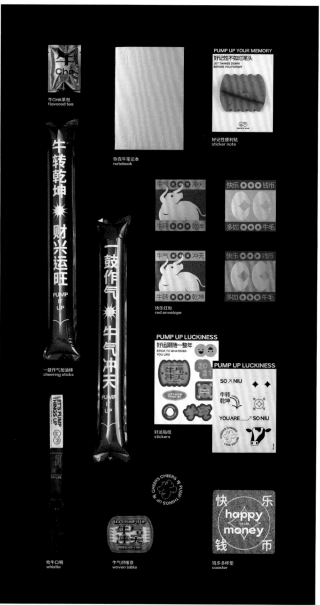

红包刀版图

兔历

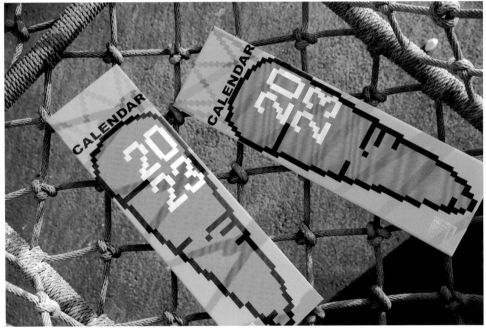

中荣印刷集团定制了这款兔年台历，作为员工的新年礼品。包装的主视觉是常与兔子形象捆绑在一起的胡萝卜，让人很容易联想到兔年。胡萝卜在闽南地区又叫"菜头"，与"彩头"谐音，因此超大尺寸的包装寓意大彩头。盒内包含两张硬纸板，将纸板上的图案沿切割线拆下，即可组装成一个小巧可爱的台历。

D：李甫印　CL：中荣印刷集团股份有限公司

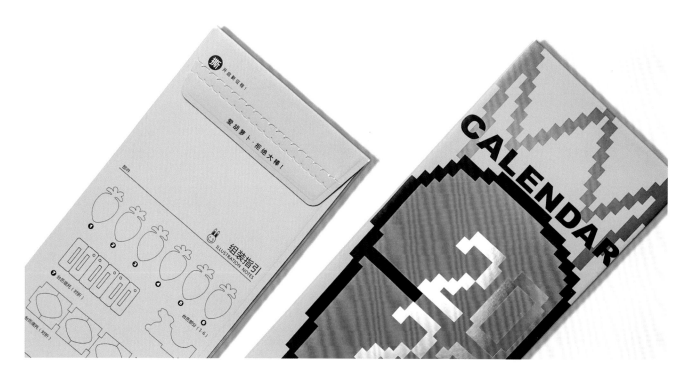

设计点 × 仪式感：包装文案

在包装开口的撕拉处，印有"爱胡萝卜，拒绝大棒！"字样，运用了"胡萝卜加大棒"[1]的理论，祝愿收礼人在新的一年收获更多的奖励。

设计点 × 仪式感：材质与工艺

外盒使用瓦楞纸，在边缘做压边工艺，避免露出瓦楞纸边的坑纹，同时实现了轻量化的环保理念。每张台历纸板由 4 层美国牛卡纸对裱而成，表面平整且厚度适中，既能控制成本，又能保证台历组件可精准接合。

1 "胡萝卜加大棒"是一种奖励与惩罚并存的激励方式，用以诱发人们所要求的行为。该方式名称来源于以在驴子前面吊挂胡萝卜，或是在后面用棒子驱赶的方式，从而使驴子前进的故事。

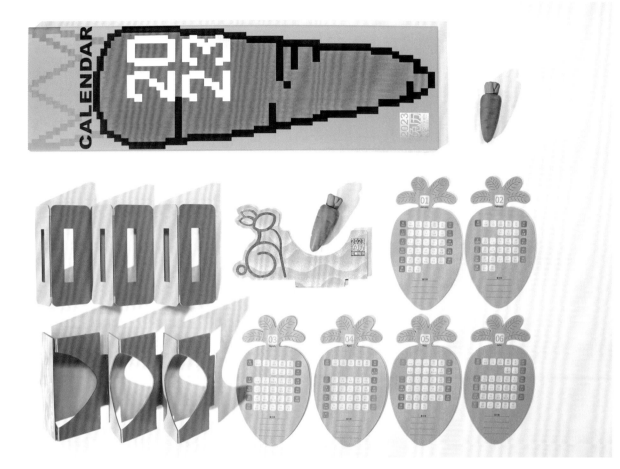

时光打字机日历

    方正字库出品的新年伴手礼"时光打字机"是一款创意日历，复古打字机的造型是对传统的一种致敬，打破日历常规的"平面＋支架"形态。每页日历都会呈现一句风趣文案、幽默感十足的宜忌之事和一款推荐字体，既体现品牌的核心业务又富有趣味。

C12 M14 Y17 K0	
C48 M50 Y51 K0	
C0 M0 Y0 K90	
C82 M9 Y82 K1	
C0 M0 Y0 K0	
C0 M0 Y0 K100	
C54 M58 Y94 K8	
C87 M83 Y83 K72	
C0 M0 Y0 K90	

D：张凯旋、刘昕　CL：方正字库　　｜　★第 17 届亚太设计年鉴入选　★《Brand 创意呈现 8》入选　★ 2022 年《GTN9 包装呈现》入选

设计点 × 仪式感：包装结构

　　根据打字机顶部机械配件的形状，在盒子顶部做了扇形的镂空设计；并在盒身印上了打字机的键盘、按键、机身等元素，进一步还原打字机的外观。

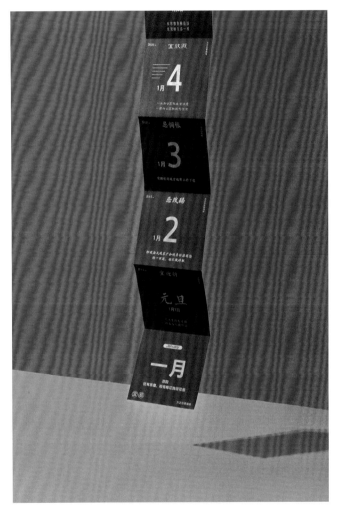

设计点 × 仪式感：配色

　　日历共有三种款式，每款的主色分别为米白色、复古绿和经典黑，每个主色再搭配两种点缀色，还原复古打字机的三色特点。

有虎气新年礼盒

　　有虎气新年礼盒是香蕉黑洞设计公司为内部员工准备的新年礼物，除了传递新年祝福外，还包含了对自然与城市共生的思考。"有虎气"意为"有福气"，表示礼盒内含公司与员工分享的新年福气。包装外盒被设计成可再次利用的环保流浪猫屋，期望员工能将这份好运和福气分享到城市的每一个角落，延续这份善意与爱。

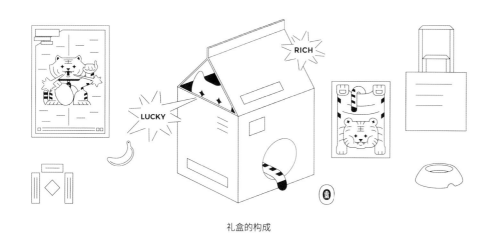

礼盒的构成

DC：香蕉黑洞　　｜　　★ 2022 年大设计奖品牌设计类优秀奖

设计点 × 仪式感：字体

　　"有虎气"三个字采用平角设计，加入黄色的四角星图形，让抽象的"福气"变成直观的形象。其余信息选用清晰醒目的无衬线字体，并将主要信息进一步加粗，让猫屋上的信息更醒目。

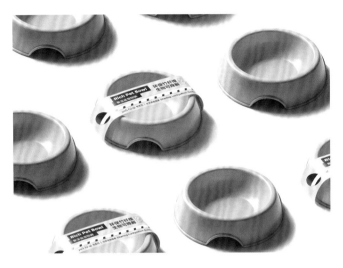

设计点 × 仪式感：图形

　　将"气"字中代表"福气"的四角星，应用到春联、"福"字和指南等物品上，寓意福气满满。以线条组成具有爆破感的辅助图形，装饰猫屋的镂空洞口，寓意运气与财气亨通。

C0 M5 Y100 K0

C0 M0 Y0 K100

C0 M0 Y0 K0

C0 M90 Y100 K0

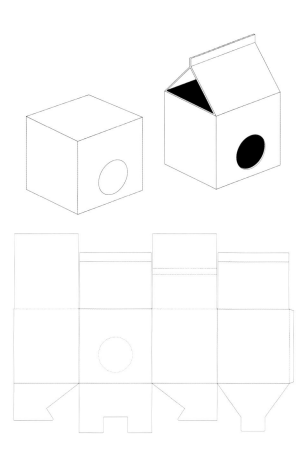

刀版图

Phùng Ân 新年礼盒

越南家居饰品品牌 Phùng Ân，在新年之际为客户定制了这份带来内心宁静的新年贺礼。礼盒以"回忆"为主题，展开外盒即可看到一座用纸艺错落构成的立体的"回忆之湖"。色彩温暖、素朴、梦幻，令人仿佛看到水光潋滟、山色空蒙的景色，让人从匆忙和不安的日子里抽身而出，感受到一份温馨和宁静。

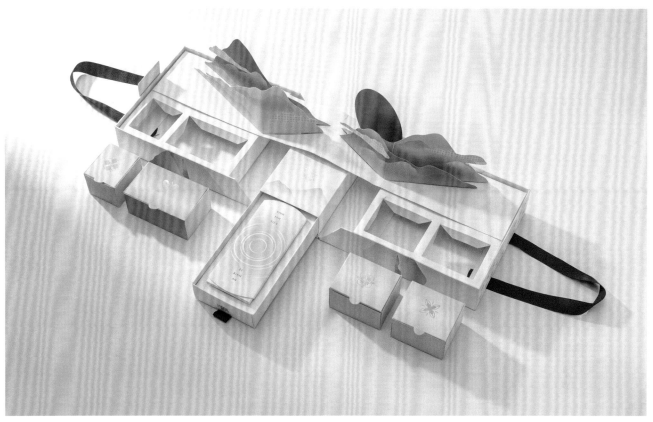

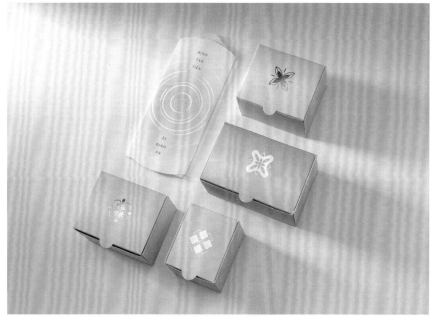

DC：Studio Cohe　CL：Phùng Ân

设计点 × 仪式感：材质与工艺

选用淡奶油色的纸张作为礼盒底色，营造温暖、恬静的格调，搭配烫金工艺，增强礼盒的奢华感。盒内设有立体剪影，把外盒展开即可看到"回忆之湖"上矗立着群山，飘浮着浮云和红日。

设计点 × 仪式感：配色

整体选用淡雅的浅粉色、浅橙色和浅蓝色，使得设计格调既丰富多彩又宁静朴素。搭配吸睛的红色手提丝带，为浓厚的节日氛围做点缀。

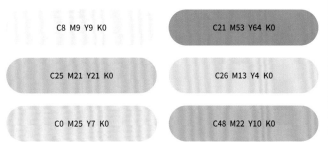

C8 M9 Y9 K0

C21 M53 Y64 K0

C25 M21 Y21 K0

C26 M13 Y4 K0

C0 M25 Y7 K0

C48 M22 Y10 K0

098

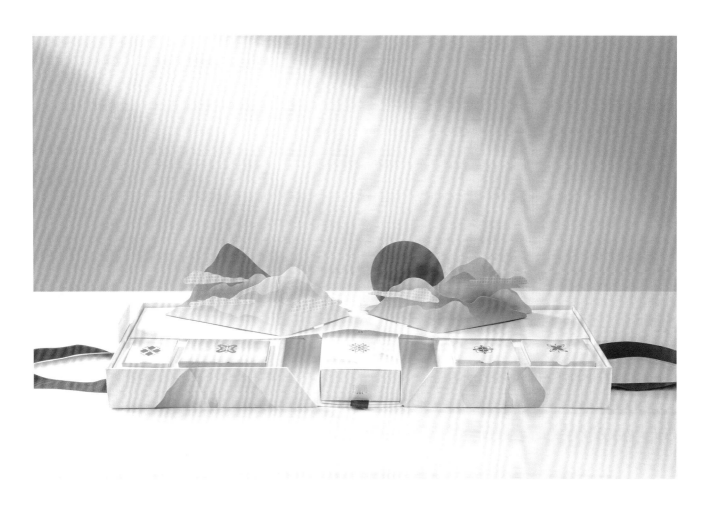

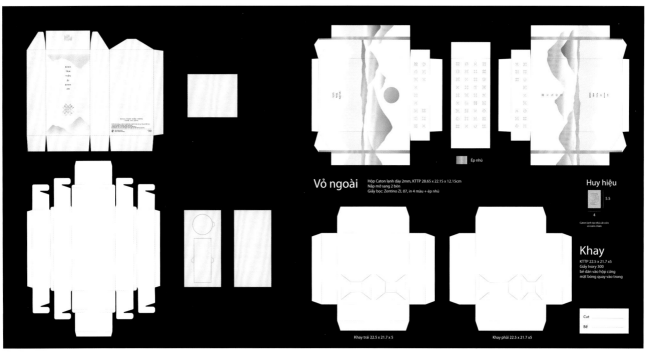

Vỏ ngoài　Hộp Caton lạnh dày 2mm, KTTP 28.65 x 22.15 x 12.15cm
Nắp mở sang 2 bên
Giấy bọc: Zentino ZL 07, in 4 màu + ép nhũ

Ép nhũ

Huy hiệu　5.5

4

Caton lạnh ép nhũ lồi cuốn
có năm châm

Khay
KTTP 22.5 x 21.7 x5
Giấy Ivory 300
bế dán vào hộp cứng
mặt bóng quay vào trong

Cut
Bế

Khay trái 22.5 x 21.7 x5　　　Khay phải 22.5 x 21.7 x5

刀版图

泰洋川禾新年礼盒

娱乐公司泰洋川禾为客户定制了这份新潮的虎年礼盒。礼盒大面积的银色和亮橙色渐变条纹设计，既突显了生肖虎的虎纹特点，又体现了泰洋川禾年轻、潮流的品牌调性。礼品袋正面设有一个装着贺卡的信封插袋，为礼盒开箱增添了独特的仪式感。

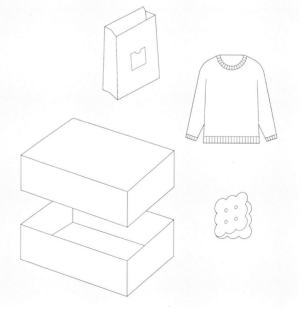

礼盒的构成

DC: PaperPlay　CL: 泰洋川禾

设计点 × 仪式感：图形

　　礼盒正面采用潮流的银色和亮橙色渐变条纹设计，直观地体现虎年和虎纹的联想。礼品袋正面的贺卡设计成年货饼干的形状，渲染新年氛围。

设计点 × 仪式感：配色

　　选用橙色、银色和蓝色，以专色印刷突显色彩饱和度，让礼盒更具年轻活力。

PANTONE 877U	PANTONE 2728U
PANTONE 2018U	C0 M100 Y100 K0

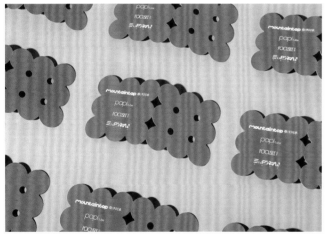

vivo 2021 新春赠礼

智能手机品牌 vivo 为了宣传新推出的手机系统，在 2021 年的新春之际推出主题为新手机桌面的公关礼盒。盒面插画中拟人化的桌面元素神态各异，看起来活泼生动，营造出欢乐又自由的画面氛围。

DC: Vital Design   D: 赖树明   CL: vivo

设计点 × 仪式感：配色

主要使用三种颜色，分别是 vivo 的品牌色蓝色、象征新年的红色和代表正能量的橙色。三种色彩以不同的排列组合应用于三个礼品内盒，形成鲜明的层次感。

PANTONE 2144C

PANTONE 1665C

PANTONE 1925C

设计点 × 仪式感：材质

外盒为进口白卡裱灰板纸盒，内盒为纸质盒身搭配透明 PVC 盒盖，营造出探索新世界（新手机系统）的朦胧与未来感。

传统复新计划·冰封年礼

为颠覆传统节日包装的刻板印象，设计公司正面朝上发起"传统复新计划"，主张用大胆夸张的方式去呈现包装。作为该系列的收官之作，"冰封年礼"的包装在双层亚克力中嵌入红色内盒，含蓄地表达国人骨子里的热情好客之道，并搭配银红相间的杜邦纸手提袋，尽显不一般的新年风采。礼盒内含"十二月花"日历、"连年有鱼"红包、"出入平安"对联，传递诚挚的新年祝愿。

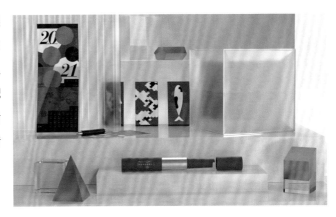

设计点 × 仪式感：材质

磨砂亚克力制作的外盒呼应冬日的印象，给人以冰块的感觉，使得装着礼品的红色内盒若隐若现，仿佛被冰封在其中。

设计点 × 仪式感：插画

提取"连年有余"的吉祥寓意，在红包上绘制出不同形态的锦鲤和锦鲤花纹，再使用烫金、凸印、压印等工艺增强画面立体感。在红包盒正面模切出一条锦鲤的形状，呼应红包的插画。

D: 罗涛涛　CL: 正面朝上创意设计有限公司

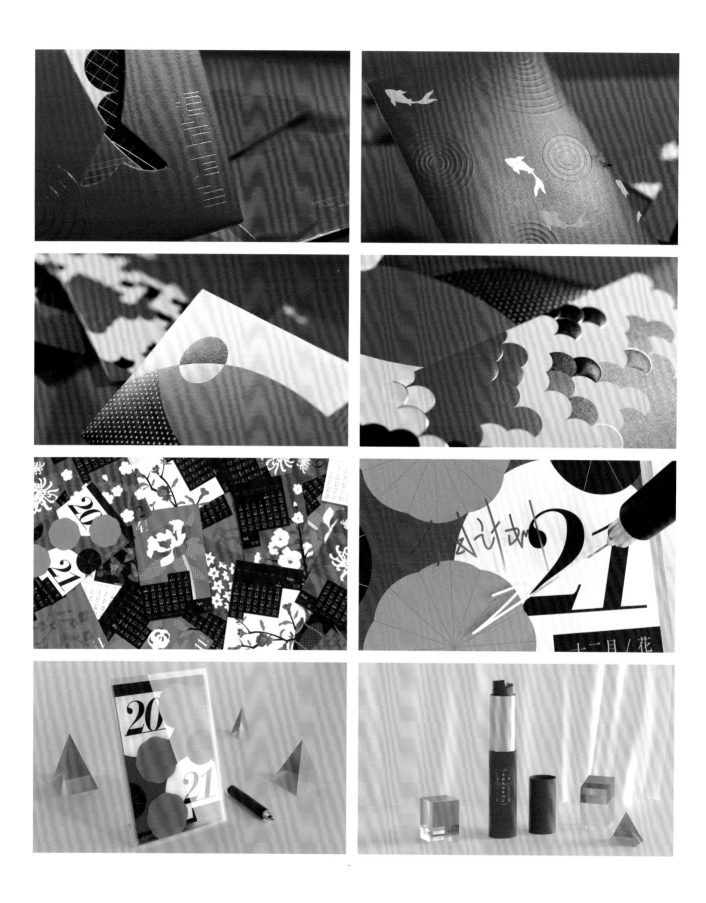

2022 再出花新年礼盒

华润三九医药公司结合其品牌 IP 形象"三舅",为合作方定制了这款新春赠礼。礼盒以"栽培新愿"为核心理念,在新年新生的寓意中融入华润三九药品的本草种植基因。礼盒名中的"再出花"是"再出发"的谐音,意指以种花的行为满足人们在新年迎新的精神需求,期许收到礼盒的人能和种子一起,在奋斗和努力的土壤中破土开花。

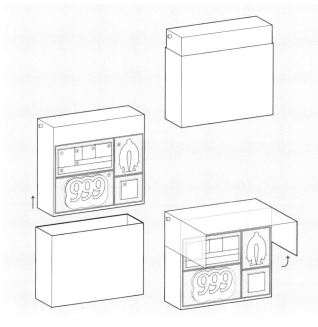

礼盒的构成

设计点 × 仪式感:字体

将标题英文"Blooming"的字母"o"设计成递进变化的圆形图案,形似一朵不断绽放的花,寓意新的一年不断前进。中文标题"再出花"辅以线条穿插其中,形成动感美。内盒的字体由简单的图形替代部分笔画结构,得到圆润活泼的创意字形。

DC:UnigonsOne CL:华润三九医药股份有限公司

设计点 × 仪式感：插画

外盒插画沿用 IP 形象的可爱治愈风，主视觉是三个"9"造型的拟人化花朵、太阳和仙人掌，象征美好、暖心、治愈和蓬勃的生命力。

设计点 × 仪式感：材质

外盒使用亚克力、硬纸板、手提织带等耐用材质，可二次利用制作潮玩展示柜，满足当下年轻人展示潮玩的需求。

| PANTONE P 154-16C | C100 M80 Y0 K10 | C37 M21 Y79 K0 | C0 M79 Y56 K0 |

| PANTONE P 185C | C80 M64 Y42 K0 | C6 M32 Y76 K0 | C4 M4 Y13 K0 |

Gift From The Heart 吉百利新年礼盒

英国糖果生产商吉百利的马来西亚分部,为客户朋友定制了这份新春赠礼。礼盒象征着"家",打开"家门"就能发现吉百利精心准备的暖心惊喜:美味的巧克力棒和巧克力球,以及一张新年贺卡。礼盒名"Gift From The Heart"(心之礼),深情地表露出因疫情与家人久别的人们,对于能在新年回家团聚的那份渴望和兴奋。

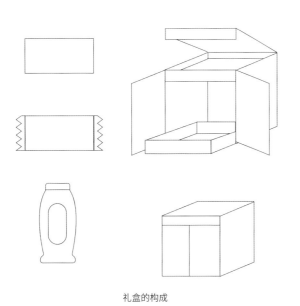

礼盒的构成

D: Yiqing Gan　CL: 吉百利(马来西亚)　A: Mad Hat Asia

设计点 × 仪式感：包装结构

外盒采用抽拉盒型，模仿复古饰品盒的上开结构，以及东方楼门的对开结构，借由打开"家门"的仪式，传达"欢迎回家"的暖心寓意。

设计点 × 仪式感：插画

在外盒插画中，吉百利糖果的原料坚果化身为搞怪角色，穿插过年的温馨场景，比如游子返乡、派红包、吃团年饭和舞狮表演，以及摆得满满的糖果盘。

设计点 × 仪式感：配色

　　以吉百利的品牌色——偏冷调的紫色为主色调，搭配与紫色互补的红色和粉色，寓意万事吉利和兴旺。

C90 M90 Y0 K0

C0 M50 Y25 K0

C10 M20 Y60 K0

C17 M88 Y95 K7

C27 M90 Y90 K28

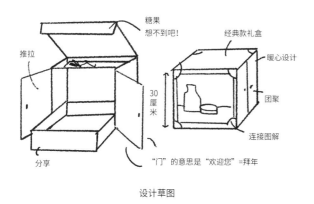

设计草图

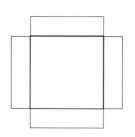

刀版图

好利来 2022 新年礼盒

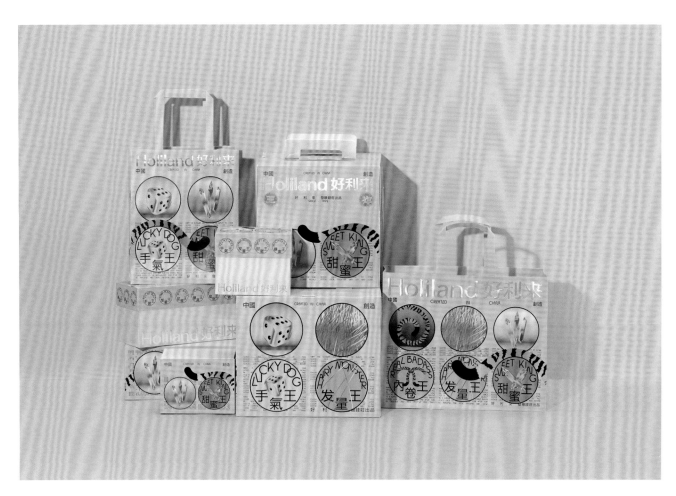

糕点品牌好利来的虎年限定礼盒，基于老虎额头的"王"字纹样，采用含义不同的"王"字贺词来表达新年祝福。礼盒上有趣的文案和图形，搭配丰富的色彩和闪耀的镭射工艺，既能够让人们以可视化的方式感受到好利来糕点的甜蜜，又能展现出与众不同的新年氛围。

D: 谷东杰　CL: 好利来

设计点 × 仪式感：配色

以高饱和度的粉色作为主色调，辅以小面积的烫镭射金工艺，用丰富的配色来传达新年的热闹与祝福。

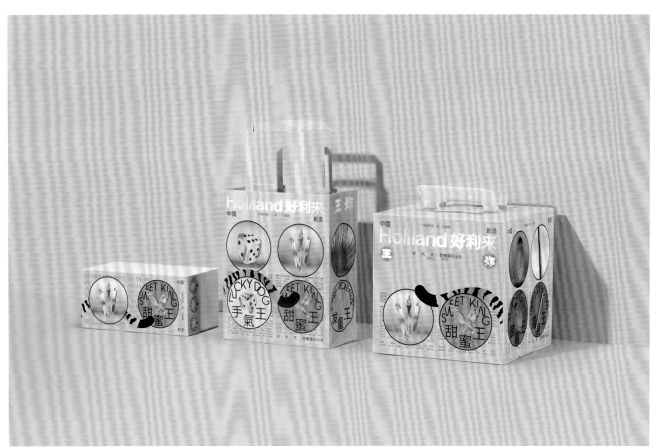

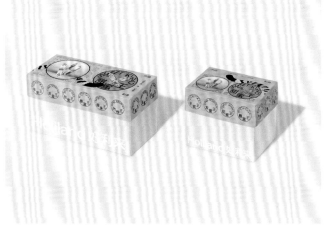

设计点 × 仪式感：字体

西文无衬线体与中文楷体组合，搭配新年传统的图形元素，展现传统与现代的结合。

茶果一色新年礼盒

在日本，据说新年初梦所见之物若是富士山，就预示着新的一年会有好运。日式和果子品牌茶果一色的新年礼盒化身为富士山，仿佛在邀请人们置身于"山"下，一边品茶，一边享用和果子，传递出浓郁的日本新年气氛。

DC：K9 Design　CL：茶果一色

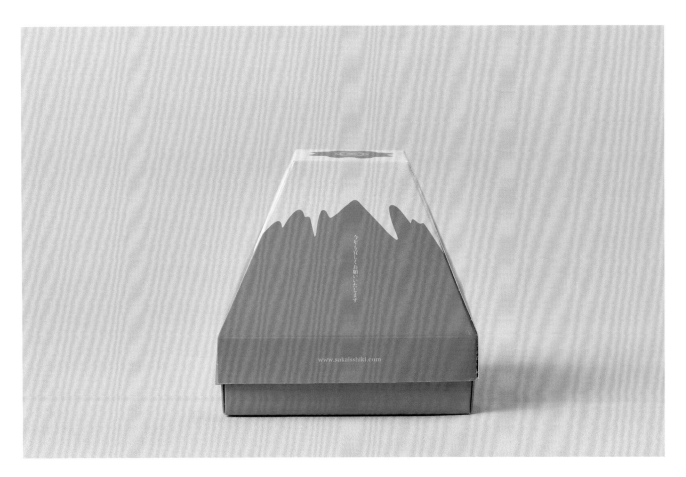

设计点 × 仪式感：配色

　　为了传达新年的辞冬迎春之意，以蓝色寓意春暖融雪时映射出蓝天的富士山，不规则的白色则表示正在融化的雪。

设计点 × 仪式感：包装结构

　　在山造型的纸盒外增加了透明塑片包装，塑造出橱窗的视觉形象，并在塑片上印刷雪花图案，营造下雪的意境。

红包挂耳咖啡新年礼盒

为了迎接新年的到来，设计公司大食设计商店在向大众推出的咖啡新年礼盒中，把写有5个朴素的新年愿望——睡好、吃好、暴瘦、喝好和暴富的咖啡袋，分别装进"福禄寿禧财"五福红包内，作为对收礼人的诚挚祝福；另设"X"隐藏款红包为随机盲包，借拆盲包的惊喜体验，为收礼人送上加倍的幸福感和快乐。

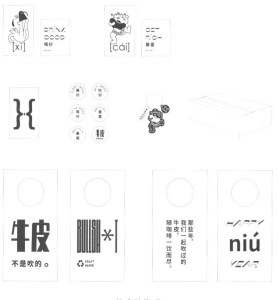

礼盒的构成

DC：大食设计商店

设计点 × 仪式感：工艺

在中国红的纸张上使用彩虹镭射工艺，使传统的中国红更添缤纷华丽。

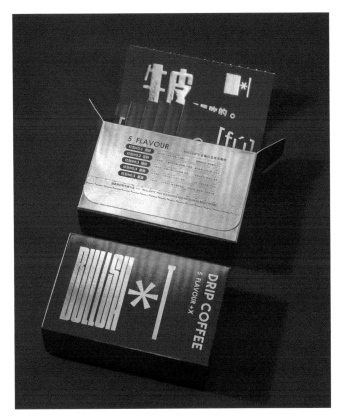

设计点 × 仪式感：包装结构

盒子开合处增加了易撕线设计，随着拉开的动作，逐渐呈现礼盒主题标语"那些年，我们一起吹过的牛皮，随咖啡一饮而尽"，提升拆礼物的仪式感和趣味性。

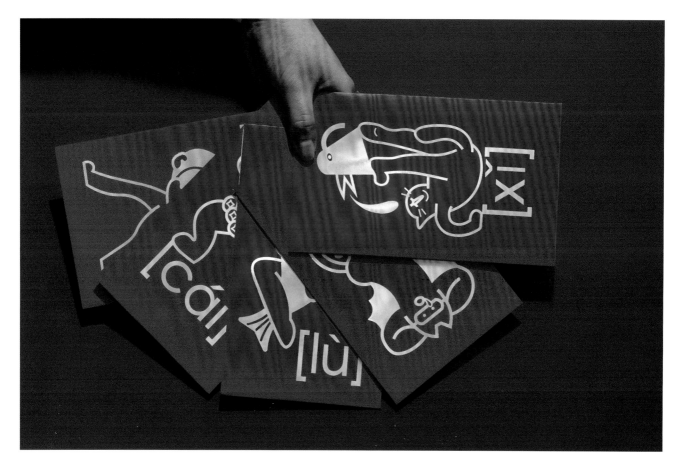

设计点 × 仪式感：插画

　　红包插画沿用该系列咖啡的猫形象，并且结合"福禄寿禧财"主题，描绘了穿蝙蝠袖外套的猫、抱锦鲤的猫、举寿桃的猫、脚举喜鹊造型咖啡壶的猫、抱金元宝的猫等。插画以红底白描的方式呈现，烘托出浓郁的新年气息。

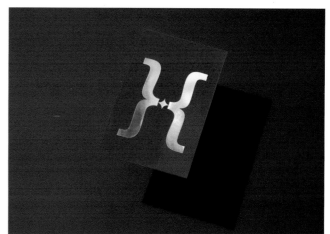

| PANTONE 2035C | C0 M100 Y87 K16 |

袋 2
外盒 1
红包 5+1
咖啡包 1×5

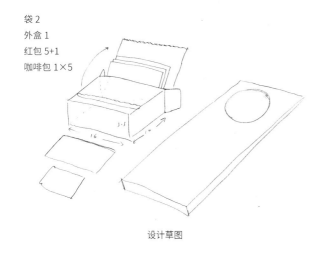

设计草图

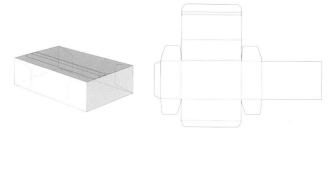

刀版图

The Lân 新年红包

这套新年红包是设计公司 Bracom Agency 为公司内部制作的新年礼品。礼盒名中的"Lân"指越南新年传统表演"舞狮"中的瑞兽狮子。红包插画描绘了一头狮子在除夕夜爬上屋顶观赏烟花，表示祝愿收到红包的一方好运与财运亨通。套装内含5 个红包，每个红包内还附有贺卡。

DC： Bracom Agency

设计点 × 仪式感：配色

整体使用三种颜色：蓝色代表雄性狮子，红色代表雌性狮子，牛皮纸原色代表始祖狮子。

设计点 × 仪式感：工艺

红色和蓝色红包以丝网印刷金色插画，牛皮纸原色红包的插画则使用烫金工艺，打造出金光闪闪的奢华质感。红包盒表面镂空出一朵烟花的形状，透出红包内部工艺的色彩，展现绚丽的烟花视觉。狮子的眼睛部分使用模切工艺，若将贺卡放入红包内，狮子呈闭眼状态；若抽出贺卡，双眼便会睁开；若连续抽拉贺卡，就能得到生动的眨眼效果。

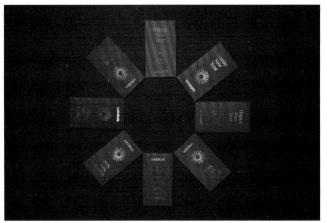

The Joy of... 红包礼盒

纸品公司 Paper Moments 上架的这套红包礼盒，用抽象化的鲜花与植物造型，代表着喜悦的无限源泉。礼盒附赠几何造型的贴纸，希望人们在红包上贴出自己的风格，定义自己的快乐。

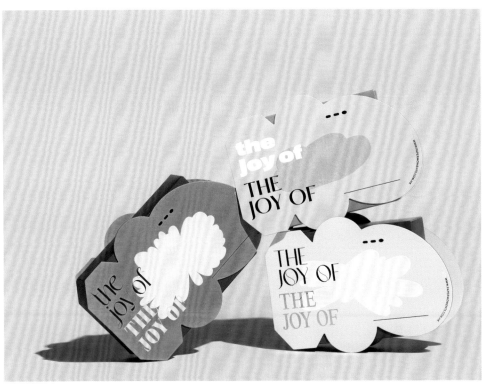

DC: studiowmw CL: Paper Moments

设计点 × 仪式感：图形

在现代化几何造型的红包上，印刷橘子、樱花、竹子等新春元素的图案。

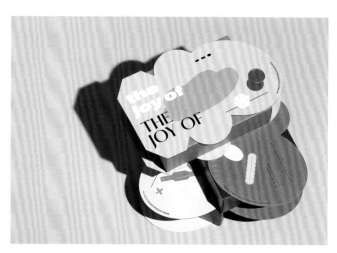

设计点 × 仪式感：工艺

用模切工艺在红包上做出多种造型，搭配烫印、浮雕击凸等工艺，增强红包的设计层次感。

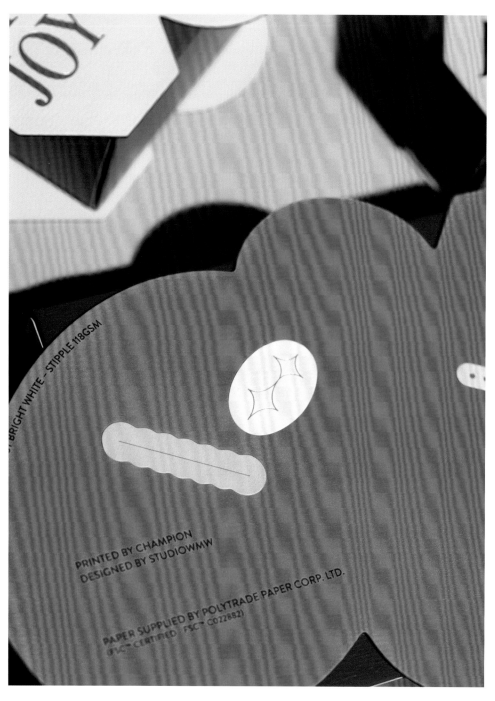

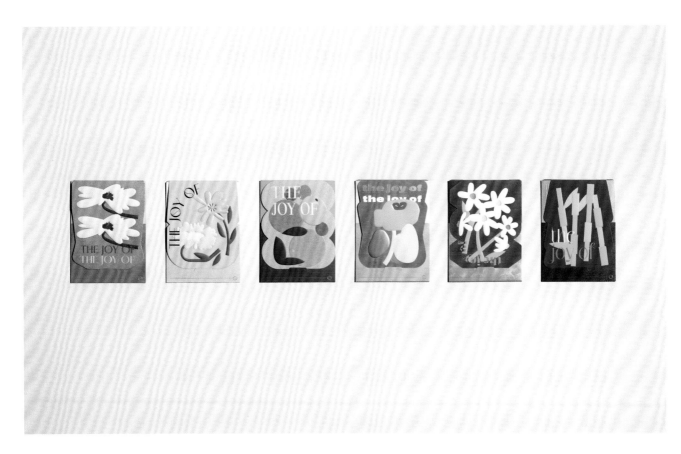

设计点 × 仪式感：材质

    选用与图案的纹理特性相近的纸张，例如橘子图案搭配与橘子表皮纹理相似的皮革纹纸，竹子图案搭配竖条木纹纸等。

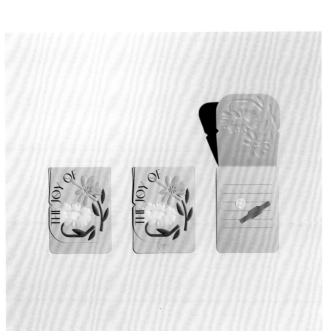

时光保鲜盒日历

方正字库推出创意日历"时光保鲜盒",寓意保鲜时光,留住记忆。每页日历都会推荐一款字体和一句趣味文案,以展示字体的应用。盒内还包含一个可爱有趣的"大桔大利"玩偶,提升礼盒的互动性。

礼盒的构成

D: 张凯旋、刘昕、刘其敏、翟树杰 CL: 方正字库 ｜ ★ 2022 年《GTN9 包装呈现》入选

设计点 × 仪式感：包装结构

外盒模仿罐头包装，采用可循环使用的天地盖结构，而非普通罐头的一次性撕拉盖，节能环保。

设计点 × 仪式感：配色

用外盒的绿色和玩偶的橙色，来传达新鲜感。再以每页日历的不同配色，寓意世间万物多姿多彩。

C37 M5 Y80 K0	C7 M71 Y82 K0
C0 M0 Y0 K100	C10 M93 Y86 K0

设计点 × 仪式感：字体

外盒文字选用方正筑紫圆体，日历内页使用方正字库推荐的字体，每张都有变化，使得日历整体看起来更灵活。

刀版图

生生不息中秋礼盒

收录机能够通过磁带将声音永久保存下来，使之成为生生不息的记忆。科技公司小米的员工专属中秋礼盒，以生生不息的谐音"声声不息"为切入点，设计成手提收录机的造型，并搭配一张可永久保存的"磁带录音贺卡"，当中收录了小米创始人雷军对小米团队和家属们的节日祝福。

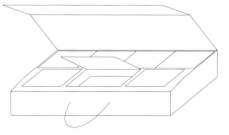

DC：一厘（杭州）文化传媒有限公司　CL：小米集团

设计点 × 仪式感：包装结构

外盒使用异形灰板盒搭配吸附式磁铁扣，还原收录机的上开方式，内盒则采用仪式感较强的上翻盖。

设计点 × 仪式感：配色

以小米的品牌色橙色为主色调，搭配蓝色、绿色和黄色演绎前卫、活力，兼具收录机年代的复古风格，既突显品牌印象，又体现了年轻、潮玩的品牌理念，碰撞出不一样的火花。

| PANTONE XG Orange C | C1 M39 Y74 K0 | |
| C93 M74 Y0 K0 | C86 M41 Y98 K3 | C0 M0 Y0 K100 |

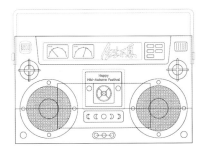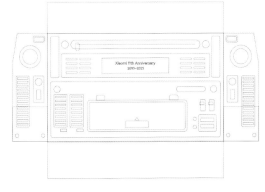

设计草图

咬文嚼字中秋礼盒

作为国内知名的专业字库公司，方正字库以"咬文嚼字，向月许愿"为主题，巧妙结合中秋元素与汉字文化，为员工设计出这款牛年中秋礼盒。盒内装有4款月饼、1个"聚牛气"牛年挂偶、1套可口可乐许愿瓶和1支白板笔。员工们打开礼盒，即可拿起月饼在口中"咬文嚼字"，手执白板笔在许愿瓶上写下节日愿望，既突显主题，又丰富了礼盒的互动性和趣味性。

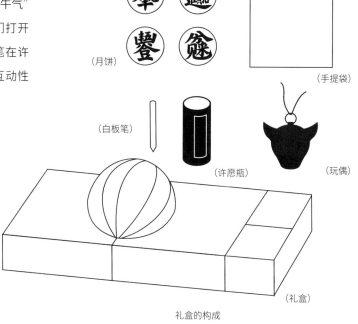

(月饼)

(手提袋)

(白板笔)

(许愿瓶)

(玩偶)

(礼盒)

礼盒的构成

C56 M5 Y26 K0

C0 M0 Y0 K0

D：张凯旋、刘昕　　CL：方正字库　|　★ 2022 年《GTN9 包装呈现》入选

设计点 × 仪式感：包装结构

打开礼盒，一轮折纸圆月跃然盒上，仿佛月亮从海平面升起。

设计点 × 仪式感：字体

内盒分别用成语招财进宝、五谷丰登、吉祥如意、八方来财的合体字，传递中秋祝福。

金秋大耶（ye）中秋礼盒

2020 年，两个二手交易平台"转转"和"找靓机"战略合并。在此背景下，"转转"为合并后的大家庭准备了"金秋大耶（ye）"主题中秋礼盒。礼盒上胜利手势的插画寓意"Yeah"，来呼应主题中的"耶（ye）"，期许合并后员工能够融合共进。外盒可以拆出来做成拼图，寓意每个人都是"转转"的一分子，今后由大家一同拼起集团的愿景和版图。

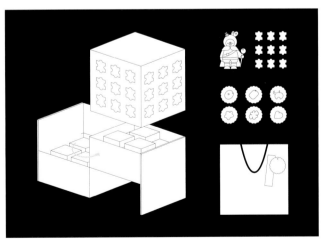

礼盒的构成

D：李倩文　CL：北京转转集团

设计点 × 仪式感：插画

    拼图插画以"中秋"和"耶"为出发点，创作了一个在层层剖开的月球中露出的"耶"手势，寓意"转转"和"找靓机"的合并将会破解层层阻碍走向共赢。插画同时融入月亮、月饼、玉兔等元素来营造中秋氛围。

设计点 × 仪式感：工艺

    运用烫镭射金工艺和亮丽的专色印刷，得到流行的酸性设计的液态金属视觉效果。丰富的色彩还象征了硕果累累的秋季，寓意"转转"集团和员工都将迎来各自的丰收季。

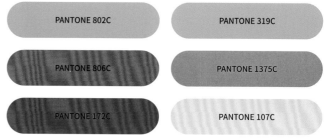

PANTONE 802C	PANTONE 319C
PANTONE 806C	PANTONE 1375C
PANTONE 172C	PANTONE 107C

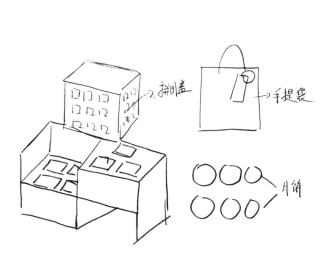

设计草图

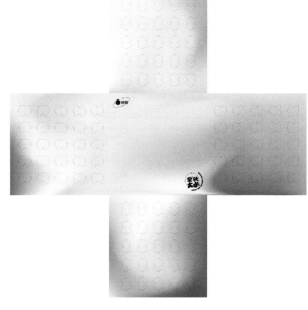

刀版图

时间刻度艺术月饼礼盒

设计公司构国学图携手广东时代美术馆，联合推出高端限量版艺术月饼礼盒"时间刻度"。礼盒主体为现代诗人黄礼孩的月历诗集，以诗歌照见地方与民生，用传统的方式提出当代的思索。同时邀请青年建筑师郭振江，把诗歌的音频转译为光的编码图形，带给人无限的想象和感触，并制作该编码图形的镂空烛台，构建一次光、物和影的奇特反应。

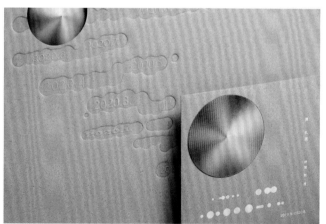

设计点 × 仪式感：工艺

包装主视觉是在编码图形上印制年月时间，运用凹凸工艺，意在让抽象的时间变得可触摸。包装左上角，以镂空的形式露出内嵌在第二层诗集上的光栅圆月，并参照"日晷随光影变化运动"的原理，让金属质感的圆月与光影发生互动，形成犹如时钟在运转的视觉效果，强调"时间"的主题。

DC：构国学图　D：傅彦斌

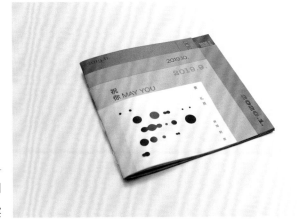

设计点 × 仪式感：配色

礼盒以灰色传达出一种理性的冷静，旨在让人们注意到大自然就如大家熟悉的那般，从而开始以冷静的方式去观察和思考。

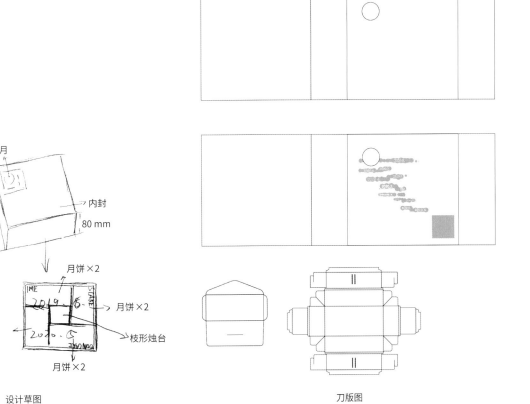

设计草图

刀版图

FLY ME TO THE MOON 中秋礼盒

半个世纪前，人类通过"阿波罗 11 号"飞船登月，把一首 *Fly Me to the Moon*《我要飞向月球》献给太空，为宇宙带来地球的浪漫。果酒品牌呼吸果酒的中秋礼盒以这首歌为灵感，让包装化身为"美好 1 号飞船"，邀请人们一起越过群星，到月亮上品酒。

设计点 × 仪式感：字体

礼盒名"FLY ME TO THE MOON"字样选用衬线体，并把字母"O"设计成像是由两个半月牙组成的圆。

D：鲸鱼　CL：呼吸果酒

设计点 × 仪式感：配色

以低饱和度的薄荷绿和燕麦黄作为主色调，辅以银色，烘托登月之旅的温柔和浪漫格调。

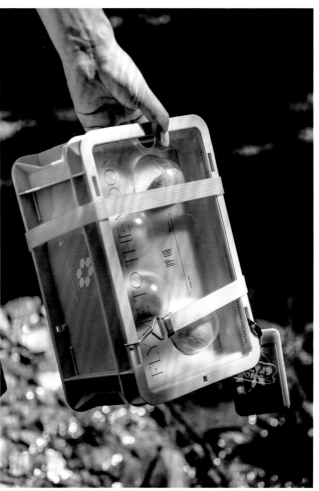

设计点 × 仪式感：材质

外盒以可循环利用的转运箱为盒身，顶盖用亚克力板意指飞船窗户，整体贴合飞船概念。内盒选用切合太空主题的激光纸。

139

盒合美美中秋礼盒

新零售平台盒马鲜生，为了在中秋节向员工和顾客表达谢意，特意推出"盒合美美"中秋礼盒。礼盒以"盒合美美，盒你一起过中秋"为主题，采用上下对折的半月造型，打开便形成一轮满月，寓意陪伴员工及顾客共度中秋佳节。

CL：盒马鲜生　CD：周志敏　D：刘力、何金霖、刘忠益

设计点 × 仪式感：插画

　　插画采用浓厚且精致的国潮风。内圈剪影融入月宫、玉兔等传统中秋元素，外圈剪影则呈现了现代繁华都市，形成月宫与尘世遥相呼应的繁华景象。

设计点 × 仪式感：工艺

　　将部分插画元素模切成独立元素，然后重新分层拼合；再对插画的金色白描线条施以烫金工艺，提升礼盒的价值与质感。

设计点 × 仪式感：配色

　　外观选用偏香槟金的色调，突显礼盒高级、精致的质感。盒内纸板采用品牌色"盒马蓝"，表现中秋夜空的静谧。

Bracom 魔法月饼礼盒

在越南，中秋节又被视作儿童专属的节日，因为在中秋月夜，家家户户的孩子会提着各式各样的灯笼到街上游逛。设计公司 Bracom Agency 把月饼礼盒变为实际可用的灯笼，并在礼盒表面营造出一轮圆月从平静的湖面上升起的意象，提醒人们暂时放下手边的事务，纵情享用这份趣致的礼物。

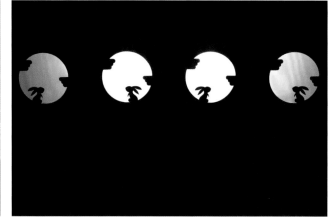

DC：Bracom Agency

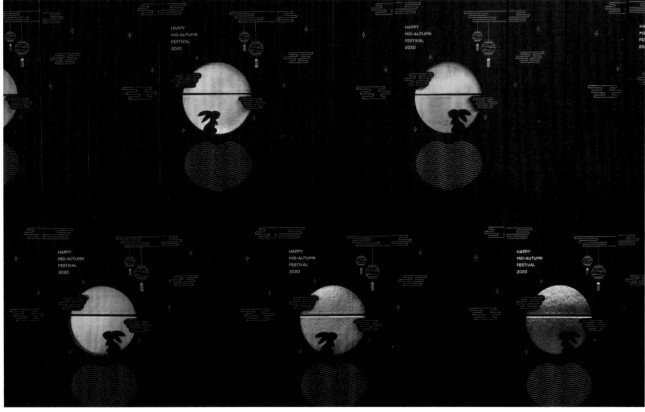

设计点 × 仪式感：配色

外盒主体为黑色，点缀以纤细的烫金装饰图案，"月亮"
部分使用了色彩变幻的镭射材料，成为外盒的焦点，效果迷人。

★ 2021 年美国缪斯设计奖金奖 ★ 2021 年 Dieline Awards 国际包装设计奖二等奖 ★ 2021 年美国印制大奖三等奖

设计点 × 仪式感：工艺

外盒四面分别模切出一轮圆月与兔子的轮廓，若将内盒全部取出，在里面放置蜡烛，外盒可组合成让人把玩的灯笼。

设计点 × 仪式感：工艺

星月典藏和茗月共赏中秋礼盒

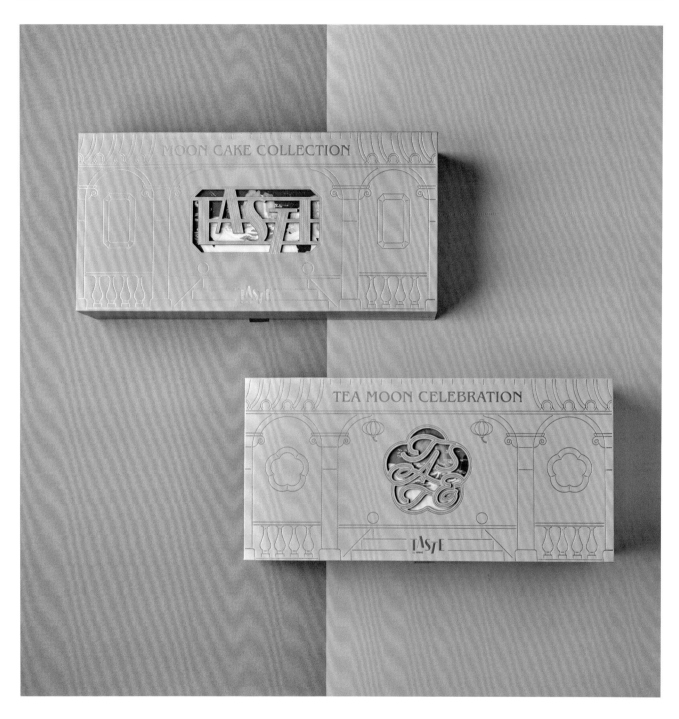

　　餐饮品牌 TASTE by MMHG 向大众推出的这组月饼礼盒，其设计灵感来自东方山水风景。外盒中心镂空成传统中式窗花造型，可窥见内盒上根据食材元素手绘而成的现代山水画，流露出古典清新的气质。人们可以透过窗花外高挂的月亮及美丽的山水风景，揭开中秋的序幕。

DC：a better office™　AD：York Wang　ILL：BeBo H　CL：TASTE by MMHG

设计点 × 仪式感：图形

礼盒表面以极简线条勾勒建筑形态，多个礼盒堆叠起来，即可展现出楼台高筑的视觉效果。两款礼盒的窗花样式分别为"八角窗"与"梅形窗"。

设计点 × 仪式感：字体

礼盒英文名选用艺术感较强的 Benguiat Pro ITC Book 字体，往传统的月饼包装中注入现代感。盒盖内侧的中文选用优雅的空明朝体，英文选用正式感强的衬线字体，以延续广式月饼的经典感。

设计点 × 仪式感：插画

插画暗藏玄机，元素一方面对应了月饼馅的特点，例如金沙奶黄流心对应月亮、乌龙蜜渍青梅对应茶席与梅花、秘制 XO 酱对应滔滔海浪、伯爵柴熏桂圆对应龙眼树；另一方面也加入了珍稀候鸟黑脸琵鹭及暗绿绣眼鸟等图案。

设计点 × 仪式感：插画

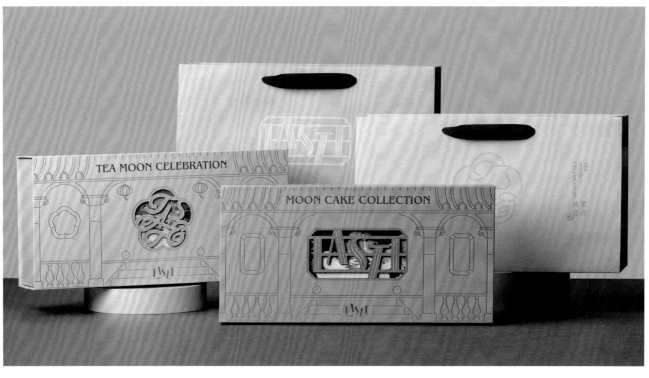

PANTONE 5773C	PANTONE 876C	PANTONE 1795U	C6 M18 Y20 K0
PANTONE 482C	PANTONE 520U	C41 M27 Y52 K0	C30 M50 Y70 K0

躺平 & 白日梦中秋联名礼盒

Youngest 有关设计公司在中秋之际，向大众推出了与独立插画师罗晓骏作品《躺在草地上》联名的亚克力花瓶礼盒。包装的画面是对插画的二次创作，描绘的是草地少女梦见可爱的月球怪兽并和它踏上奇幻旅程的故事，呼吁人们在充满焦虑与不安的工作生活中，允许自己偶尔按下暂停键，放松躺平做一场白日梦。包装和花瓶采用简洁的设计语言，注重给人以轻便的手感，为人们带来一次轻松和温暖的收礼体验。

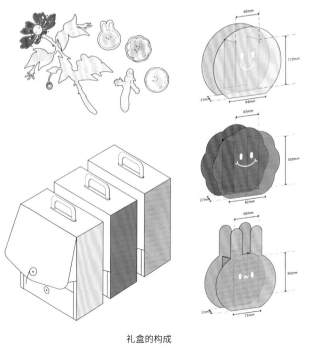

礼盒的构成

DC：Youngest 有关

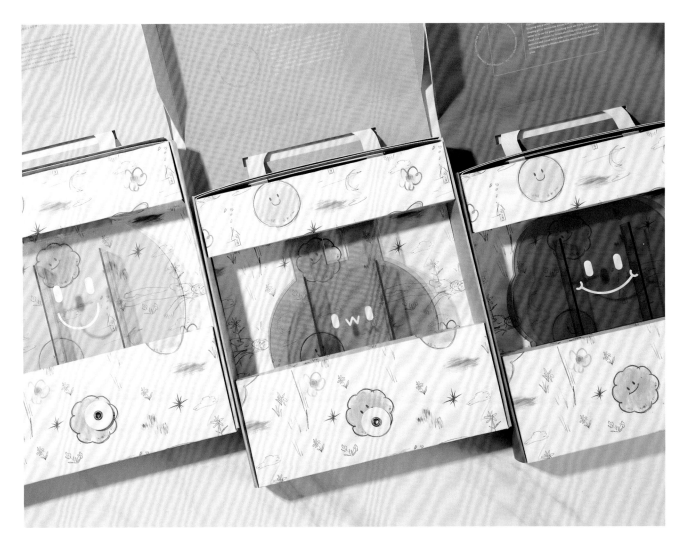

设计点 × 仪式感：插画

包装主视觉画面用与插画风格相近的粉笔线条勾勒，配合松散的构图，营造轻松简单的礼盒调性。

罗晓骏，《躺在草地上》
2020 年，布面亚克力颜料，60 cm×90 cm

设计点 × 仪式感：包装结构

　　外盒以飞机盒为基础，做成一体成型的手提盒，整体依然保持轻量感，中间的卡位把花瓶固定在盒中，使其不轻易摇晃。

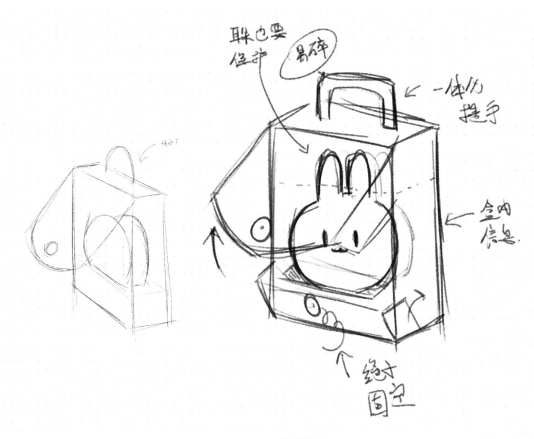

设计草图

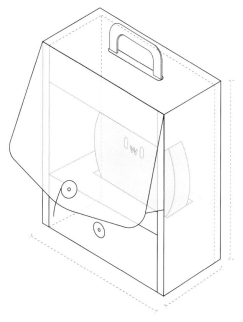

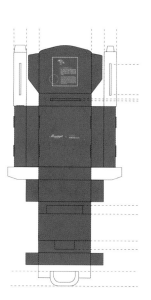

刀版图

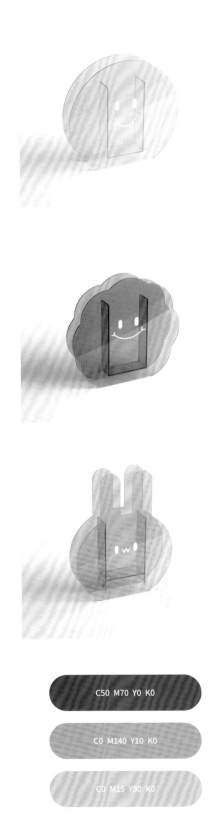

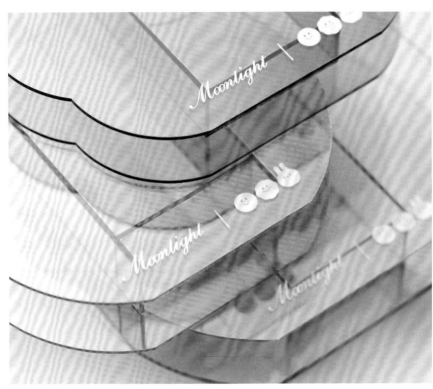

C50 M70 Y0 K0

C0 M140 Y10 K0

C0 M15 Y80 K0

银河漫游舱中秋礼盒

　　这是糕点品牌好利来和航空航天局（NASA）的联名中秋礼盒，设计灵感来自人类首次登月搭乘的"阿波罗 11 号"飞船的"鹰"号登月舱。礼盒内含 6 款造型奇幻、口味创新的月饼，装有"月球样本"扩香石的"燃料舱"，以及香薰精油。"燃料舱"可作为扩香器使用，带给人们一场奇幻芬芳的太空漫游之旅。

D: 谷东杰　PD: 张健翔　CL: 好利来

设计点 × 仪式感：配色

外盒选用石米色石彩纸，用纸张本身的颜色和纸面的颗粒质感模拟月球表面给人的质感印象，再辅以电镀压凹的橙色，渲染中秋节的氛围。

设计点 × 仪式感：材质与工艺

在肌理斑驳的纸面使用电镀压凹工艺，模拟星球表面质感，结合中英文错落的主题字编排，做成尘土飞扬的飞行器降落感，展现出逼真的星球表面效果，直观传达这是一份来自月球的中秋礼物。

YEPOM 中秋礼盒

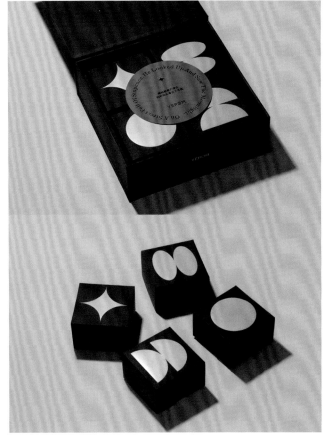

家具品牌 YEPOM 的中秋礼盒，以毛姆的小说《月亮和六便士》作为主题，以书的形式展开，营造出一种神秘感和故事性。

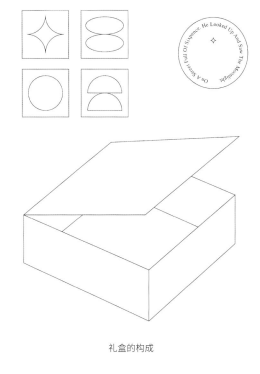

礼盒的构成

DC: PaperPlay CL: YEPOM

设计点 × 仪式感：图形

　　融入中秋节和《月亮和六便士》的相关元素，例如月亮的圆缺、星星、西方古建筑、月亮上的少女等，营造出一种熟悉又新鲜感十足的中秋节氛围。

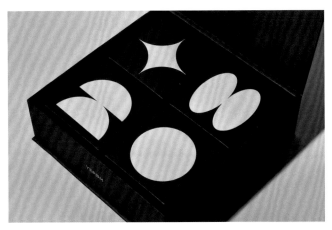

设计点 × 仪式感：配色

　　以黑色代表神秘的浩瀚夜空，以银色代表夜空中的明月，来展现小说所描述的"抬头看见了月亮"的意境；细闪的银色油墨和黑色纸张形成的视觉冲击，给人一种不容忽视的庄重感。

小米 10 周年月饼音乐礼盒

　　2020 年迎来了成立 10 周年纪念的小米集团精心定制的这款中秋互动月饼音乐礼盒。它不仅是一个月饼的包装盒，还是一个可以奏乐的小米音乐盒。盒子包装设计了一组色彩丰富、设计简明的矢量图形。拍打不同乐器的图形会发出相应乐器的声音，轻按小米卡通形象"米兔"图案即可播放小米手机的铃声。使用者可以根据自己喜欢的节拍来演奏一段专属旋律。

设计点 × 仪式感：图形

　　画面上，将几何图形结合不同的乐器及米兔形象，形成一套可视化的互动视觉。

设计点 × 仪式感：配色

　　外盒以简约沉稳的黑色为主色，内盒则根据不同乐器声给人的情绪搭配丰富多彩的颜色，提供活力焕发的拆礼感受。采用专色和 UV 印刷工艺，准确还原色彩的饱满度及光泽度。

D: 罗涛涛　CL: 小米集团

成分实验室精华油礼盒

护肤品牌"兰"在中秋之际推出了成分实验室精华油礼盒。整体设计没有围绕中秋节展开，而是紧扣"成分"二字，以"精油博物馆"为视觉概念，往结构和版式中融入博物馆的元素。盒盖内嵌一本揭秘精油研发过程与成分的手册。

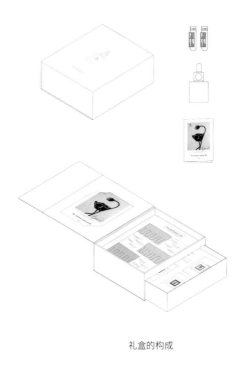

礼盒的构成

DC：nofans 设计工作室　DD：徐适　D：邵芮凝、郭喃　ILL：陈洋洋　CL：杭州兰匠化妆品有限公司

设计点 × 仪式感：插画

外盒的插画主体提取自精油瓶的外形，以线条勾勒营造流动感，并在瓶内绘画了精油所含植物的形态。

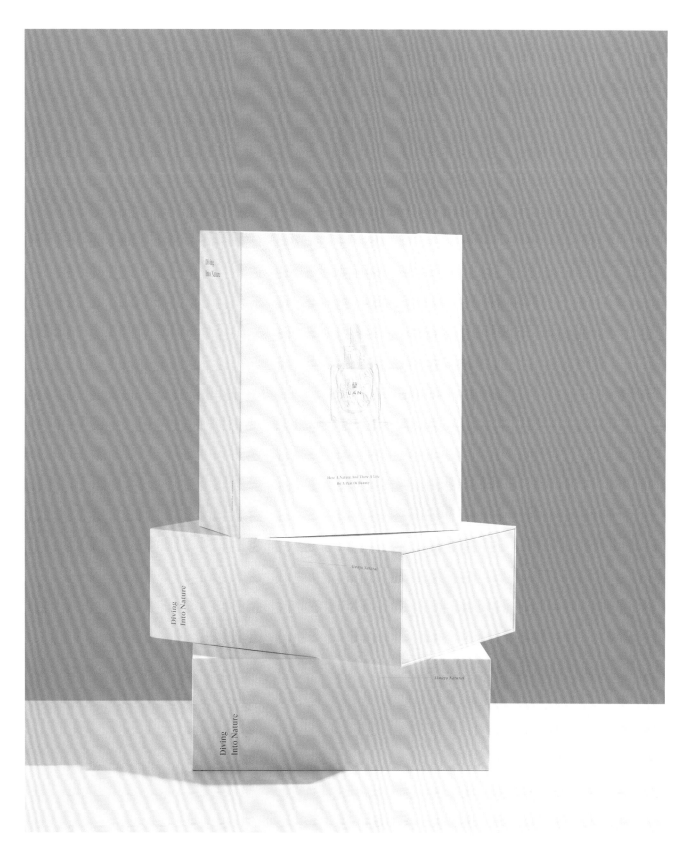

★第 17 届亚太设计年鉴入选　★ 2022 年德国 iF 产品设计奖

设计点 × 仪式感：配色

　　外盒整体采用米色调，体现"纯净、自然"的品牌理念。
盒内以品牌主色淡绿色搭配三款精油的颜色。

PANTONE 5645C	PANTONE 726C
PANTONE 652C	PANTONE Warm Gray 11C

设计点 × 仪式感：包装结构

　　将整个礼盒塑造成一座"精油博物馆"，打开盒盖即可看
到第一层的三组精油试管展示台；拉开侧面的缎带就能发现第
二层的馆藏格，里面是与三组原油对应的精油产品：时光油、
凤凰油和月神油。

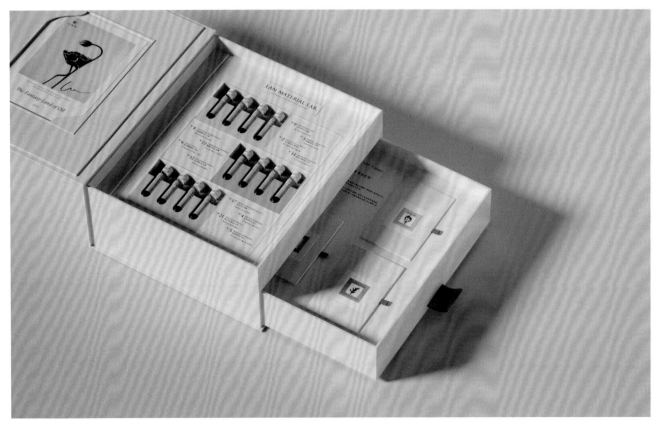

"盈·中秋" 礼品卡

　　中秋之际，雪球投资公司为用户准备了这份特别的中秋礼物——"盈·中秋"礼品卡。外封主视觉中的飞奔兔子，由呈向上趋势的线条勾勒而成，结合主题中含月满、圆满和增长含义的"盈"字，传递出对用户们"中秋圆满"和"财富上涨"的美好祝福。

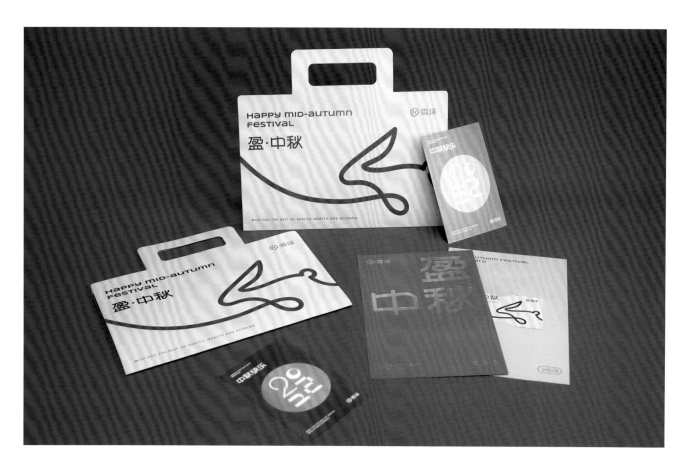

礼盒的构成

DC: 雪球设计中心　　CL: 雪球投资管理有限公司

设计点 × 仪式感：图形

主视觉图案延续了品牌商标的表现形式，用线段描绘了一只飞奔的兔子来表现中秋节的主题。飞奔向前的兔子，象征了积极向上的生活态度，以及对美好生活的追求。

设计点 × 仪式感：材质与工艺

外包装选用动感白漂银特种纸并将纸面印灰，字体烫金，搭配品牌色蓝色的兔子线段。内置的卡片使用色彩还原度高的铜版纸，专色印刷让包装整体呈现出高级的精致感。

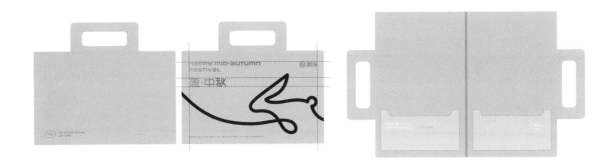

端"五"节日礼盒

端午节，也有人称作端五节。万田设计围绕"端""五"二字的释义，进行直白的视觉表达：用手端着画有数字"5"的盘子。礼盒通过灰卡纸本身的颜色与印刷专色在视觉上达到了传统与现代的平衡。

DC：万田设计　D：鲁非

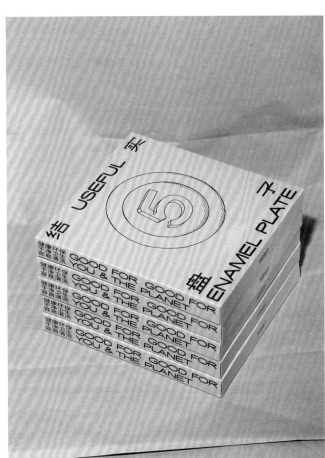

设计点 × 仪式感：材质与插画

　　内外盒均使用颗粒感十足的灰卡纸，搭配笔触厚重的插画，以直白、奔放的版式，打破端午节传统的节庆印象。

设计点 × 仪式感：配色

　　以灰卡纸的本色，以及文字和插画所使用的黑色，保留端午节的传统气质，并与整体粗放的排版形式相呼应。明亮的专绿色作为粽叶的象征，与灰卡色和黑色对比形成层次感。

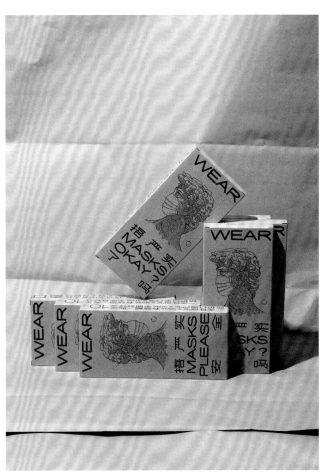

传统复新计划·遂昌长粽

正面朝上创意设计有限公司发起了"传统复新计划"，旨在颠覆传统节日包装的设计手法。遂昌长粽礼盒是这项活动的第一个项目，它的外盒及手提袋使用透明 PVC 材质，直接展示内盒的核心设计，打破传统包装的密闭感。

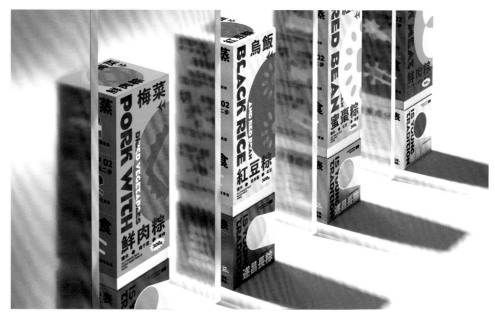

D：罗涛涛　CL：正面朝上创意设计有限公司

设计点 × 仪式感：图形

　　粽子口味被抽象成几何图形，食用方式与营养成分表也通过图形化方式来表示，这些设计表现形式打破了一般食品包装的设计习惯，让传统节日包装变得不传统。

设计点 × 仪式感：材质与工艺

　　4 个长方体盒的外盒采用 3mm 灰纸板裱特种纸，内衬使用白色珍珠棉，再用专色印刷呈现大胆的色彩效果，增强礼盒的工艺质感。长方体盒的内部盒身选用绚丽的镭射银卡，以呼应外盒的丰富色彩。

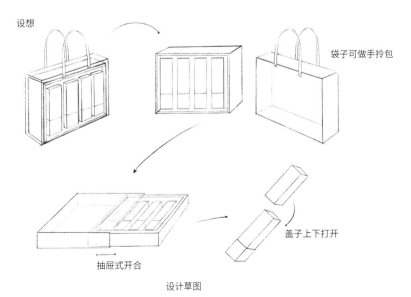

设计草图

乐在其粽端午礼盒

　　糕点品牌好利来的端午礼盒"乐在其粽"，其创意灵感来自用以区分粽子口味的彩色绳子：咸蛋黄粽的黄绳子、桂花蜜藕粽的红绿绳子、松露鲜肉粽的红白绳子等。礼盒的主视觉以 5 种彩色线条搭配白色的粽子图形，来营造端午节的氛围。

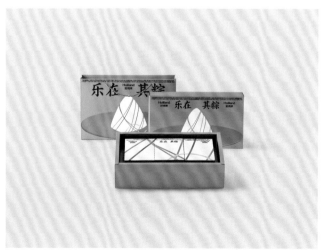

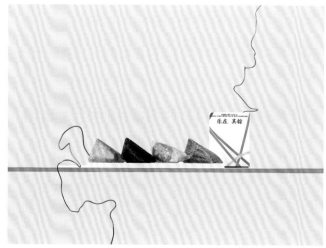

D：谷东杰　CL：好利来

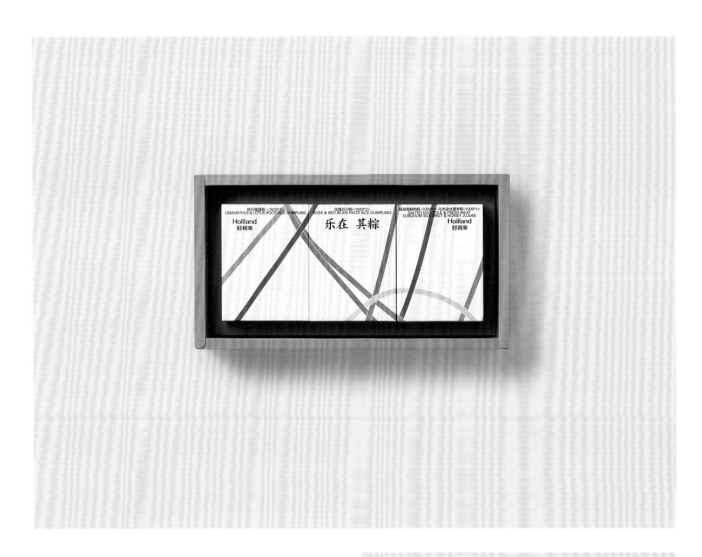

设计点 × 仪式感：字体

　　字体选用楷体来表现端午节的传统感，并在"乐在其粽"的字形中融入传统书法的书写特征。文字排版采用增加字间距和居中对齐的经典形式。

设计点 × 仪式感：配色

　　外盒以高饱和度的绿色作为主色调，内盒以白色底色衬托画面中的五彩线条，在传统的节庆中增添了趣味性。

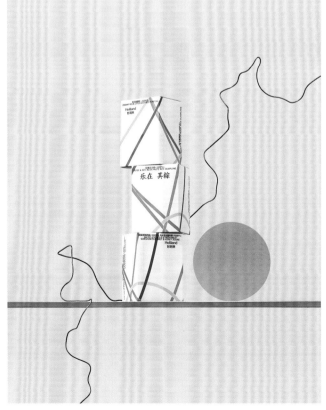

龙腾端午·探索前行礼盒

    端午节逐渐从纪念屈原、驱邪避疫的传统节日转变成出行露营、踏青的多元化节日。小鹏汽车科技有限公司为客户定制的端午礼盒以"探索前行"为主题，结合小鹏汽车致力于突破边界、勇于探索科技无人区的企业精神，用出行符号和机械龙（科技与节日元素的结合）展现了品牌对未来出行方式的探索精神。礼盒内以创意扭蛋的设计，装有 6 款不同地域风味的粽子和 1 套趣味龙舟积木。

DC：一厘（杭州）文化传媒有限公司　CL：小鹏汽车科技有限公司

设计点 × 仪式感：材质与插画

　　封套使用科技感较强的透明 PVC 材料，扭蛋使用可循环利用的银色 PC 材料。在盒内的底托绘制机械龙的图案，呼应"龙腾"主题，同时突显礼盒的科技感和未来感。

设计点 × 仪式感：配色

　　礼盒以绿色、黑色和银色为主。绿色是端午节的传统配色，再用充满未来感、机械感的银色和黑色来衬托，呼应了品牌的环保科技理念。

设计点 × 仪式感：包装结构

　　考虑到小鹏汽车的用户多为家庭，内盒采用扭蛋设计，为用户提供亲子互动的机会，丰富了礼品的体验感。

SUCCULAND 端午礼盒

植栽设计品牌 SUCCULAND 出品的端午礼盒以竹叶色作为端午节的视觉联结，并将端午祝福"粽叶香千里，丝线述真情"融入包装的设计概念。主视觉是一个由丝线形成的线性流动图案，贯穿包装整体设计。外盒用模切做出一个镂空的叶片，看似一叶扁舟漂浮于湖面，使人联想到粽子的起源故事。

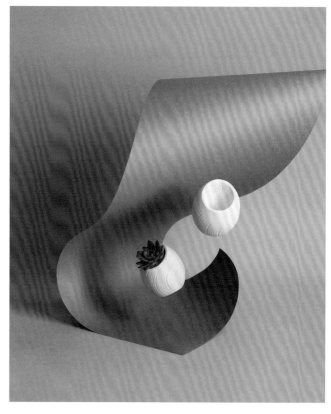

DC：制所设计　CL：SUCCULAND

设计点 × 仪式感：图形

丝线图案贯穿整体视觉，表现丝线述真情的细腻祝福。盆器采用粽子与立蛋[1]造型，作为端午节的符号表现。

设计点 × 仪式感：工艺

丝线图案采用击凸工艺，如一圈圈水纹，并在盒面局部使用烫金和模切做出叶片的形状，使其如同漂浮于湖面的船只。

1 端午节的传统游戏，指当天正午时分，由于太阳引力和地球引力相互拉扯，鸡蛋能竖立在地上而不倒。

端阳忙种谷满仓端午礼盒

　　"芒种端午后，处处有酒肉"，民间俗语有这么一说。2022 年芒种正逢端午之后，大家对丰收有着更多的希望和期待。雪球投资管理有限公司在 2022 年为员工准备的端午礼盒植根于传统文化，采用几何拼接和撞色设计，辅以龙、粽子、金币和谷物等端午、芒种元素。包装形式为天地盖外盒搭配手提礼品袋，从手提礼品袋正面的镂空处可以看到外盒的精美图案。

DC：雪球设计中心　　DL：雪球投资管理有限公司

设计点 × 仪式感：配色

整体以品牌色蓝色来展现平台的专业性和理性，同时融入暖色调，增添了节庆的喜乐、热闹气氛。

PANTONE 287C

PANTONE 2144C

PANTONE 2173C

PANTONE 151C

设计点 × 仪式感：字体

字体选用纤细形的宋体，搭配烫银工艺，突出端午节的传统感和精致感。

设计点 × 仪式感：结构与材质

礼盒采用简单的天地盖套盒，外盒视觉中心的龙头、谷物和金币形的花朵表达了对收获丰收的期待。手提礼品袋的正面中心做圆角六边形镂空并覆 PVC 膜，露出礼盒的核心画面。

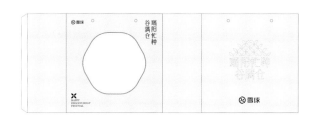

刀版图

喜乐团圆元宵礼盒

　　糕点品牌好利来在 2021 年的元宵节，向消费者推出这款汤圆礼盒。礼盒插画描绘汤圆在沸水中不断翻滚的状态——时而汇聚，时而分开，时而跳跃，又时而下沉。收到礼盒的人在得到味觉上的满足时，也能从视觉上感受到和家人团圆、分享汤圆时的欢乐。

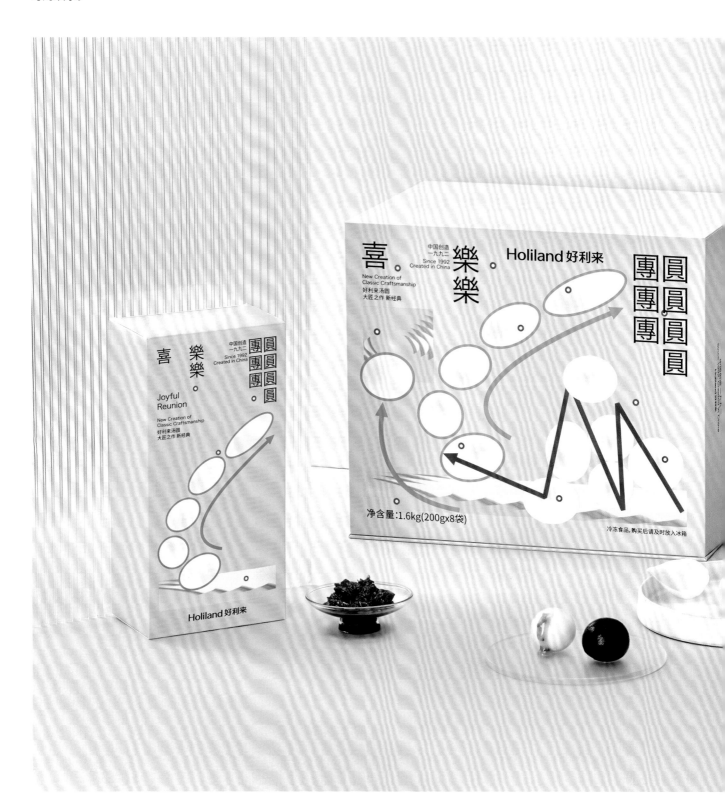

D: 谷东杰　CL: 好利来

设计点 × 仪式感：图形

用画面中翻滚的汤圆、运动轨迹箭头，以及重复递增的文字"喜乐乐团团团圆圆圆圆"，在平面视觉中表现出活泼的动感。

设计点 × 仪式感：配色

以低饱和度的粉色作为背景色，搭配鲜艳的红色、黄色、蓝色，传达欢聚的喜悦，并选用白卡纸来展现丰富的画面颜色。

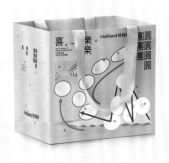

Issey Miyake Men 圣诞节限定包装

日本时装品牌三宅一生旗下的男装品牌 Issey Miyake Men，在圣诞节期间推出限定款的服饰包装袋。设计没有使用圣诞老人或圣诞树等传统元素，而是利用包装袋正反面的两条衔接线，构成"X'mas"（圣诞节）中的字母"X"。这种对于节日的表达方式虽然比较含蓄，但用于视觉上却极具识别度。

DC：Bullet Inc.　CL：Issey Miyake Men

设计点 × 仪式感：图形

采用热压缩工艺将两块半透明的材质拼接成一个包装袋，让两条衔接线刚好在袋子正反两面的中心位置交叉，构成字母"X"，点题圣诞节。

设计点 × 仪式感：材质与工艺

包装袋使用不含邻苯二甲酸盐[1]的 PVC 材质。袋子表面的品牌名采用印金工艺，得到哑光半透明效果，给人留下优雅的视觉印象。

---

1 塑料制品常用的增塑剂，起软化塑料的作用，普遍应用于玩具、食品包装、洗发水、化妆品等产品中。其在人体内可干扰内分泌，严重时会导致女性患乳腺癌，男性患睾丸癌。

缤粼圣诞礼盒

植栽设计品牌 SUCCULAND 推出的圣诞礼盒，其视觉设计概念源自圣诞倒数日历[1]。礼盒正面模切出多边形"窗口"，露出盒内的盆栽，发光的烫银日历符号藏在盒子内侧，实现丰富的视觉层次。礼盒的打开方式从传统的上开改为侧开，给收礼者带来像是打开一扇门 / 窗的拆礼体验。

1 圣诞倒数日历（礼盒）是西方国家在圣诞节来临之际的一项传统。日历上的日期为 12 月 1 日至 24 日，每个日期都对应有一格小礼物，每天打开一格就能收获一个小惊喜。因此日历的版式通常由 24 个格子的图案拼凑而成。

DC：制所设计　CL：SUCCULAND

182

设计点 × 仪式感：材质与工艺

在黑色卡纸上以绚丽的烫银工艺点缀，搭配带有反光质感的镭射卡纸，营造出深夜中光辉璀璨的视觉效果。

设计点 × 仪式感：包装结构

内盒采用抽屉式结构，上层放置盆栽，下层隐藏贺卡、司康和手工糖，还原圣诞倒数日历的拆礼物仪式感。

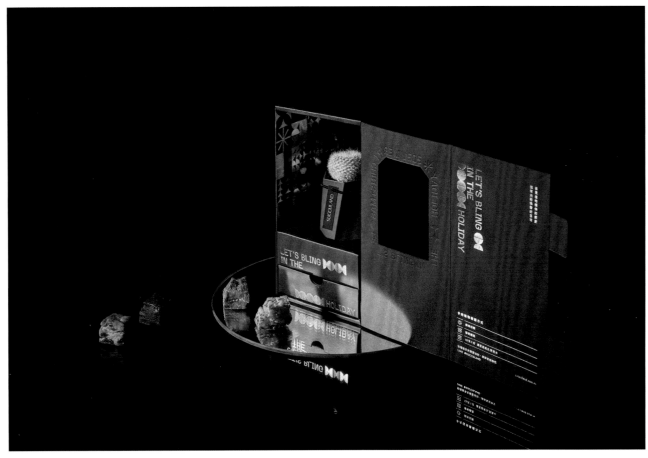

Printer's Cookies 圣诞赠礼

这是保加利亚设计公司 inkpression ™为客户朋友准备的圣诞节礼物，内含一袋公司标志字母形状的姜饼曲奇。实际大小的曲奇图案烫印在绿色卡纸外盒上，搭配低调奢华的玫瑰金文字，给人们带来视觉和味蕾上的独特惊喜。

DC: inkpression ™ | ★ 2022 年 Pentawards 包装设计奖银奖

设计点 × 仪式感：配色

　　基于圣诞节传统的红绿配色，选用绿色卡纸搭配玫瑰金文字，尽显奢华质感。

设计点 × 仪式感：工艺

　　外盒和贺卡的文字烫印玫瑰金，曲奇图案烫印透明箔，以提升包装整体质感。

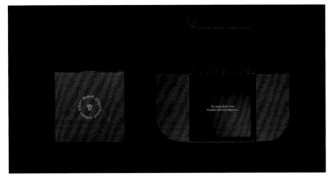

缪香圣诞礼盒

香氛品牌缪香在圣诞节之际，推出这套"太空中的圣诞节"主题香氛礼盒，邀请人们解开一项"太空之谜"：银河星系有一个信号正不断从多个方向发向地球，科学家们纷纷检测其构成代码，但只能解读出它在地球被称为"气味"。一切线索都藏在这套香氛礼盒中，信号的真相将会在开启礼盒的瞬间被揭示。

DC：K9 Design　CL：缪香

设计点 × 仪式感：图形

借由圣诞树、礼物盒和麋鹿等圣诞元素，以及宇航员、行星和人造卫星等太空元素，紧扣创意概念，诉说着每款产品的太空圣诞节故事。

设计点 × 仪式感：配色

整体选用绿色、红色和金色，营造出浓厚的圣诞节气氛，以及带出品牌差异化。结合烫金工艺，提升礼盒质感。

日月金"鹊"系列香薰蜡烛礼盒

原创首饰品牌日月金的产品设计灵感皆源于童话和中国传说,其推出的七夕香薰礼盒基于牛郎织女的故事创作而成。打开礼盒,即可看到银河、飞天神女和牛郎织女星,以及结合了喜鹊与桥形象的"鹊桥"蜡烛。内盒的插画是对敦煌壁画的二次创作和拼贴,将大家带入绮丽又充满想象力的传说故事里。

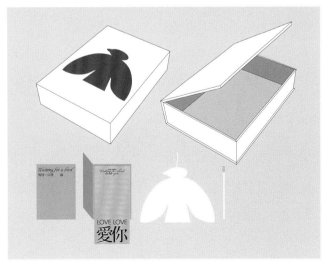

礼盒的构成

设计点 × 仪式感：图形

礼盒表面大量留白,将惊喜藏在盒内和左下角的卡片中,体现东方含蓄的表达方式:缠绵蕴藉,内心却有浓烈情感。内盒大面积使用深蓝色和黑色,营造夜空场景,并衬托鹊桥蜡烛的颜色。盒面左下角的灰色卡片打开后是甜蜜的粉色信纸,创造开盒的小惊喜。

D：葛烨　CL：日月金

设计点 × 仪式感：包装结构

　　采用书盒结构，礼盒仿若一本情书。贴在盒面左下角卡片内的信纸，其背面贴有磷纸，方便擦燃火柴点燃鹊桥蜡烛，寓意"送一座鹊桥给你，让我们就算历经困难，也终能相见"。

设计点 × 仪式感：插画

插画描绘民间故事中每到七夕，银河上搭起鹊桥的场景。繁星荡漾在银河里，守候着牛郎、织女在鹊桥相会。夜空上方的飞天神女翩然起舞，奏起颂歌。插画旨在让收到礼物的有情人感受到爱情被祝福和守护的暖意。

C90 M85 Y64 K22	C32 M31 Y18 K0
C93 M70 Y5 K0	C36 M55 Y70 K0
C33 M5 Y0 K0	C52 M82 Y95 K52
C4 M41 Y0 K0	C64 M32 Y78 K0
C0 M0 Y0 K100	C0 M0 Y0 K0

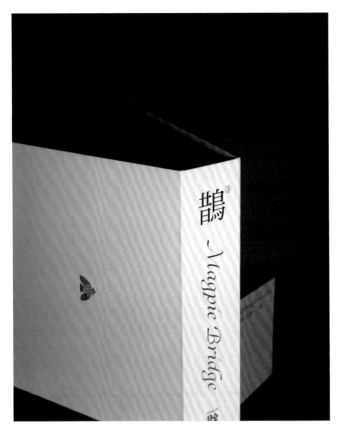

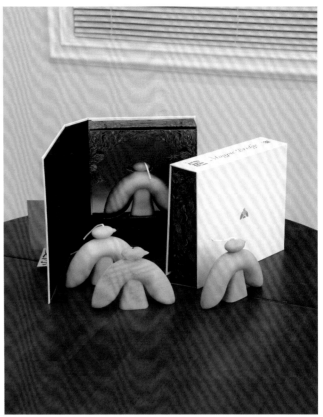

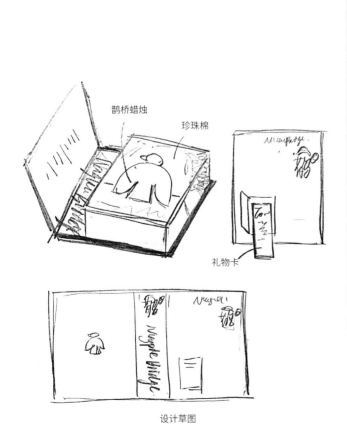

鹊桥蜡烛

珍珠棉

礼物卡

设计草图

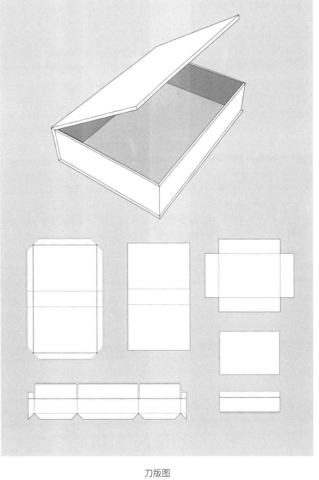

刀版图

茶颜悦色繁花似锦茶叶礼盒

人们爱用花来传情达意，基于这一点，知名茶饮品牌茶颜悦色以"繁花似锦"为主题，推出了这款仅在各大节日期间上架的伴手茶礼。包装参照中国传统六角宫灯的造型，可改造成手工花灯。盒面的插画讲述一对青梅竹马的成长故事，画面融入茶包所含的兰花、栀子、茉莉和蜡梅形象，带出繁花似锦的美好意象。

D: 比洛   ILL: 丁当   PN: 啃啃、桂香   CL: 茶颜悦色

设计点 × 仪式感：包装结构

将外盒 6 个面上的卡片沿撕拉线撕掉，插换上赠送的透明书签，即可变成一盏手工花灯。而撕掉的卡片还能当作书签使用。

设计点 × 仪式感：字体

礼盒名"繁花似锦"四字使用饱满的手写书法体，内盒的这 4 个字还根据茶包口味，分别搭配兰花、栀子、茉莉和蜡梅插画，寓意花团锦簇。内盒的茶叶名称则使用清隽的流云书法体，搭配文案的纤细宋体和古代印章，突显古典韵味。

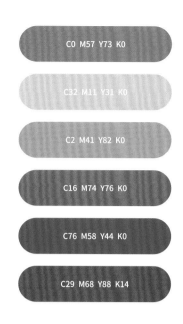

C0 M57 Y73 K0

C32 M11 Y31 K0

C2 M41 Y82 K0

C16 M74 Y76 K0

C76 M58 Y44 K0

C29 M68 Y88 K14

194

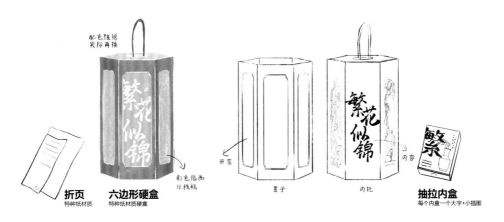

配色根据
实际再换

繁花似锦

彩色插图
北线稿

配色根据
实际再换

繁花似锦

开窗

罩子

内托

内容

繁萦

折页
特种纸材质

六边形硬盒
特种纸材质硬盒

抽拉内盒
每个内盒一个大字+小插图

设计草图

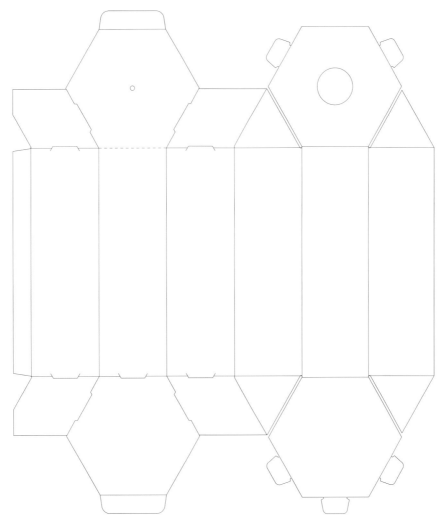

刀版图

庆典

华安药行 100 周年包装

华安药行坐落在新加坡唐人街，是一家老字号药房。其纪念成立100周年药品包装从传统的中医药柜获得灵感，采用了抽屉式盒子结构，形象地体现品牌及产品的属性。盒面的主体插画是华安药行充满历史痕迹的标志性店面，即新加坡传统建筑店屋（shophouse）[1] 的外观，尽显华安百年历史的味道，极具纪念价值。

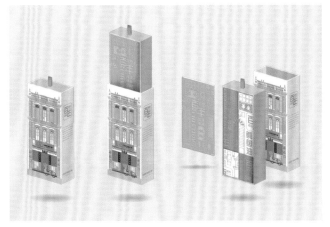

礼盒的构成

---

1 店屋是常见于东南亚等地的乡土建筑，通常为较低矮的楼房，一楼为店铺，二楼或三楼则为住家。

D: Kong Studio　CL: 华安药行　|　★第 18 届亚太设计年鉴入选

设计点 × 仪式感：字体

使用姚体简体、行楷简体、综艺简体、Bodoni 72 和 Pistilli 等多款字体，再现药行所处唐人街的多元风情。

设计点 × 仪式感：配色

青绿色提取自药行店面的颜色，黄色和金色象征华安药行的百年纪念及其金字招牌，彰显品牌的威望及给人的信赖感。

PANTONE 871C

PANTONE 3255C

设计点 × 仪式感：材质与工艺

　　产品的目标受众主要是来新加坡旅行的中国旅客，金色在中华文化中含有繁荣昌盛的寓意，因此包装上大面积运用凹凸工艺和哑金烫印工艺，增强包装的高级感和纪念价值。

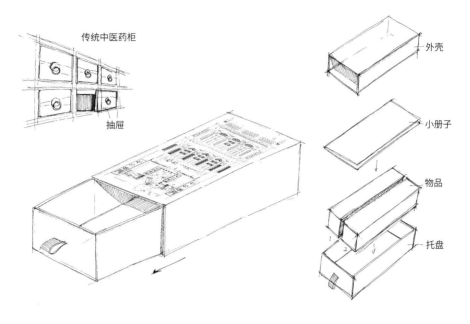

设计草图

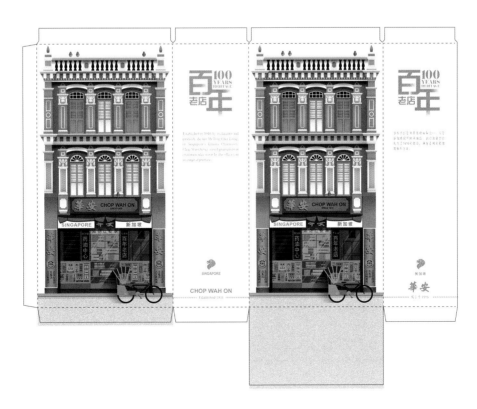

刀版图

有间茶铺 10 周年限定包装

茶叶品牌有间茶铺在创立 10 周年之际，推出以"十"命名的限定版茶品。其包装的主视觉灵感萃取于汉字"十"与大茶树的特征，既呈现出平衡简约的现代感，又不失东方传统美感。

设计点 × 仪式感：版式

以逻辑性的版式编排突显中英文信息内容，同时让人们萌生出有关茶树山林的遐想，以及对品牌下一个 10 周年的期盼。

DC: 合伙人设计　　CL: 有间茶铺　　|　　★德国 iF 设计奖年度传达设计奖　★德国红点设计奖年度传达设计奖　★中国 GDC 优异奖

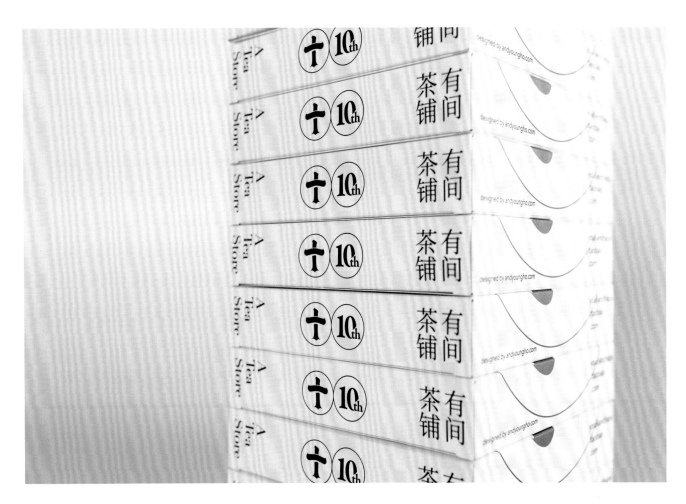

设计点 × 仪式感：配色

在白色特种纸上印刷专金色，突显 10 周年的图标，让消费者直接且清晰地接收到品牌信息。

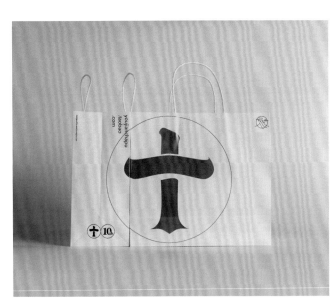

202

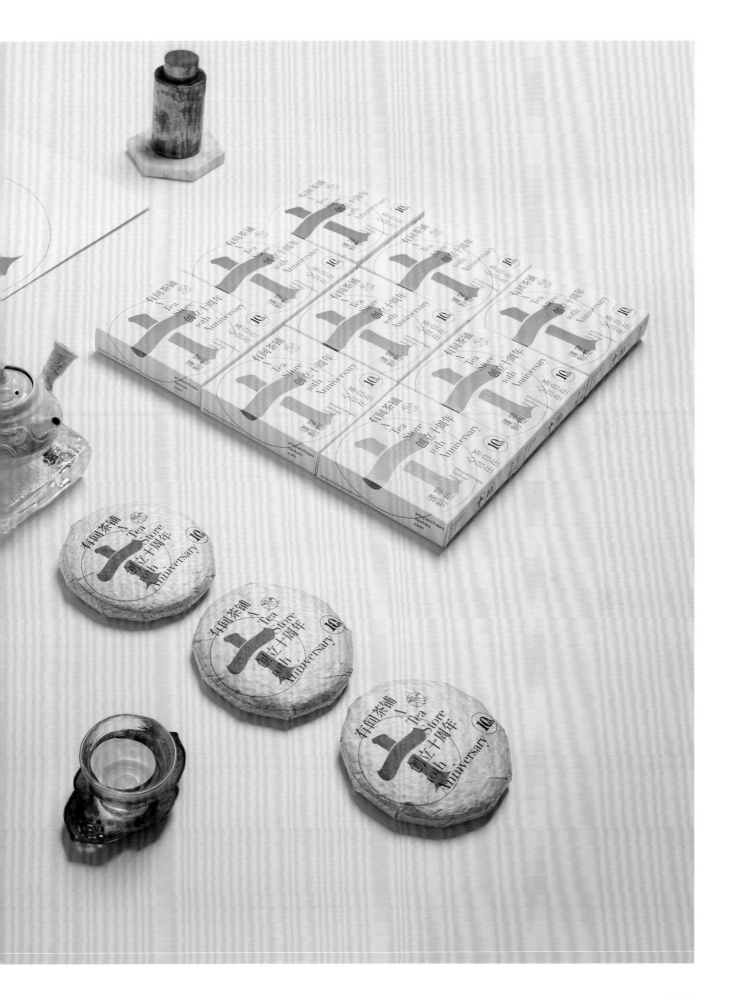

福山咖啡 39 周年纪念包装

　　福山咖啡起始于 20 世纪 80 年代初的福山镇——中国海南最早种植咖啡豆和品饮咖啡的地方。当地农民至今仍保留手工炒制咖啡豆的传统方法，甚至有许多老人会在家中煮咖啡喝。福山咖啡的 39 周年纪念包装从视觉上还原咖啡这种市井、朴素的一面。

DC: 智力有限设计工作室　　CL: 福山咖啡

设计点 × 仪式感：包装结构与材质

包装选用复古的八边盒，材质为超感棉卡裱白牛皮 F 型瓦楞纸盒，打造天然质朴的触感。

设计点 × 仪式感：图形

用品牌名的拼音"fushan"这 6 个字母组合模拟出福山咖啡豆种植区连绵不断的低山缓坡。

设计点 × 仪式感：工艺

　　盒盖做异形模切，将盒盖立起即可看到品牌名中的"福"字造型，以此承载人们日常生活中朴素的愿望。通过精密调试，确保切割线在运输过程中不易开裂，但易于撕开立起。

设计点 × 仪式感：工艺

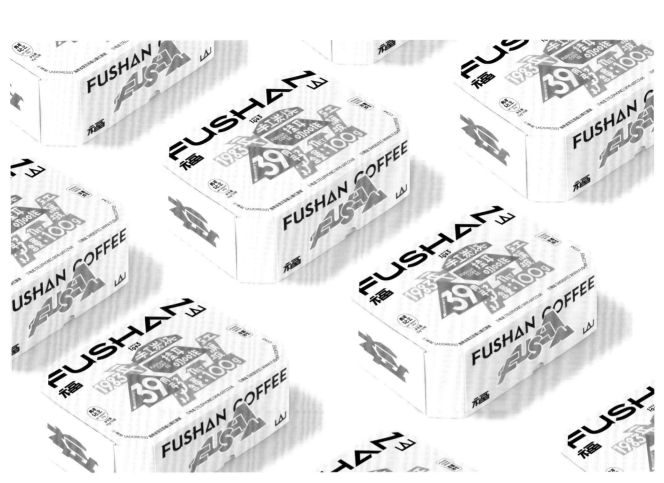

五朵里 LOVE & PEACE 蜡烛礼盒

独立香氛品牌五朵里和艺术家李豫陇联名推出主题为"爱"的限定蜡烛礼盒，礼盒及蜡烛杯的主视觉运用了李豫陇的"Love is Everything"系列的色调和插画——旨在记录不同恋人的模样和表达"爱"的可能性。这套蜡烛礼盒通过视觉和嗅觉的双重组合，调动人们脑海中关于"爱"的联觉记忆。

设计点 × 仪式感：图形

外盒使用朦胧而美好的抽象图像，来表达"爱"的多种可能性，例如爱情、亲情、友情或更宽泛的亲密关系。

设计点 × 仪式感：工艺

将蜡烛杯身插画中的爱心镂空，使得爱心可以透过烛光投射到墙面上，提升空间互动感。

CD: Yulong Lli Studio   ILL: Yulong Lli Studio   D: 赵鹏伟、彭飞   CL: 五朵里

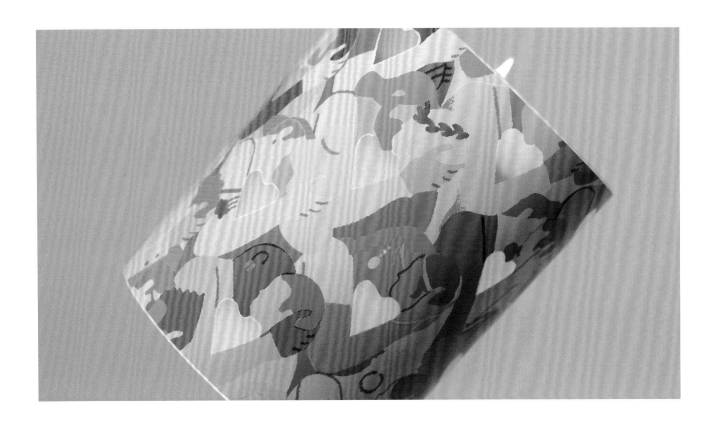

设计点 × 仪式感：配色

蜡烛"LOVE"中含有牛奶、玫瑰、爽身粉和香草荚的味道，因此用淡粉色、天蓝色和米黄色来建立视觉联想。蜡烛"PEACE"中含有棉花、雪松、醛香和麝香的味道，因此用沉稳的深蓝色和紫色来给予嗅觉提示。

C5 M49 Y27 K0	C16 M60 Y32 K0
C33 M3 Y12 K0	C37 M13 Y17 K0
C2 M19 Y13 K0	C10 M15 Y8 K0
C4 M19 Y37 K0	C100 M88 Y43 K7

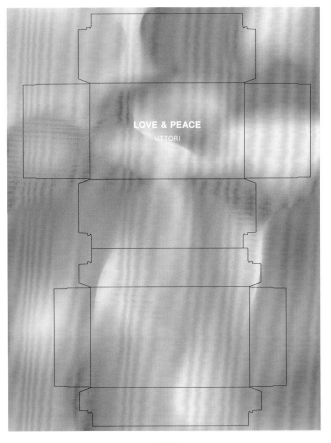

刀版图

精神食粮限定礼盒

2021 年，音频分享平台喜马拉雅进行品牌升级，将标语更换为"每一天的精神食粮"，并借此机会联合永璞咖啡与果麦文化向大众推出这份精神食粮限定礼盒。礼盒内含一张喜马拉雅会员卡、一盒永璞挂耳咖啡和一本果麦文化严选图书。由日常相伴的声音、咖啡和文字构成一场精神盛宴，给人带来内心的愉悦和充实。

PANTONE 151C

PANTONE 427C

C26 M7 Y2 K0

C4 M9 Y51 K0

C2 M22 Y17 K0

C18 M3 Y46 K0

D：秦靓、唐亚婷、王猛猛　CL：喜马拉雅

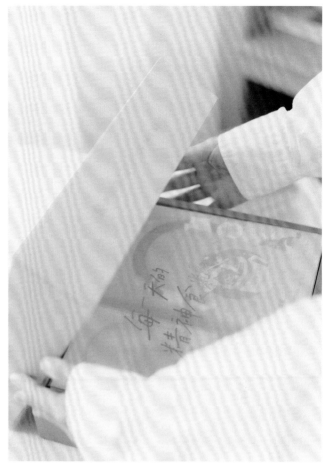

设计点 × 仪式感：插画

代表声音跃动的一组音频曲线作为外盒的插画主体，在音频曲线的间隙中探出主品牌喜马拉雅和永璞咖啡的 IP 形象，增添画面的灵动性。喜马拉雅会员卡盒设计成怀旧磁带的外观，以唤起人们对声音的记忆。咖啡盒的表面则模仿了喜马拉雅平台的音频播放界面。

设计点 × 仪式感：包装文案

    喜马拉雅会员卡的文案以谐音和美食作为切入点，围绕品牌名中的"喜"字构思传递美好愿望的祝福词："喜事发生（花生）""讨（桃子）人喜欢""包（面包）你欢喜"，搭配与文案对应的可爱插画和贴纸，让人更感暖心。

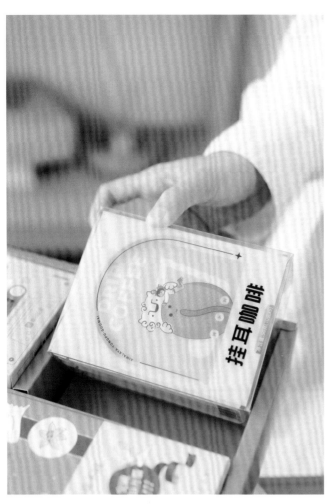

OPEN FOR ALL 郭元益联名礼盒

中国台湾百年糕点老店郭元益携手中国台北表演艺术中心，在中秋之际推出这款联名礼盒。中国台北表演艺术中心的核心理念"OPEN FOR ALL"成了礼盒主视觉的一部分。礼盒背面的条纹设计来源于中国台北表演艺术中心的建筑特色——曲面玻璃，主色调则取自建筑内特有的橘色和金属色。

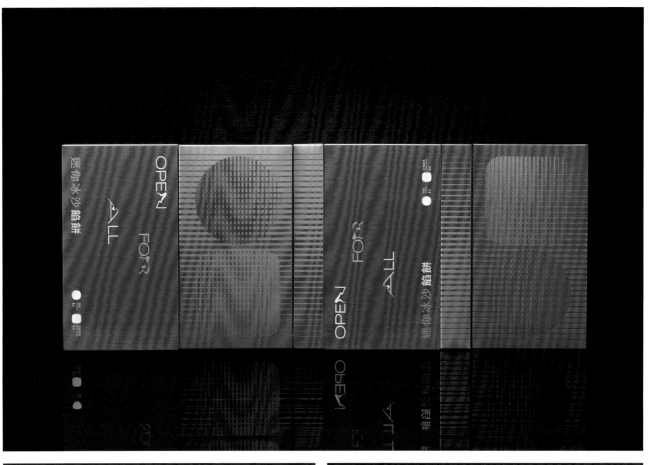

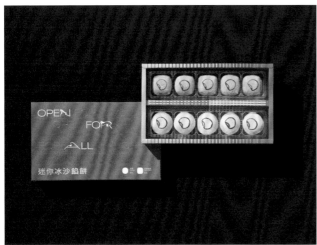

DC：制所设计   CL：郭元益

设计点 × 仪式感：图形

将主文字"OPEN FOR ALL"排列出前进的动态感，并在整体的视觉要素中，融入中国台北表演艺术中心的标志性图标——方形和圆形。

设计点 × 仪式感：配色

礼盒选用建筑特有的橘色和银色，配合线条渐变的表现形式，营造出一种向前的动态视觉效果。

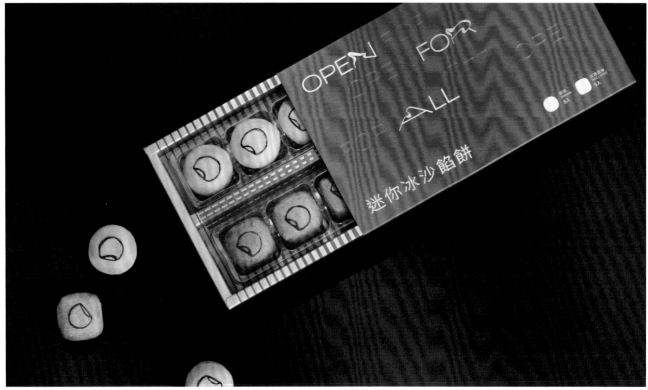

中国李宁鞋盒系列快速充电器礼盒

中国李宁鞋盒系列快速充电器礼盒由新生代数码潮牌CYCLOID 和中国李宁联名推出。充电器设计制作成鞋盒造型，用硅胶盖、双层印刷的亚克力还原鞋盒外观。同样设计成中国李宁鞋盒充电器外包装，让人们打开"鞋盒"（包装）后发现里面还是个"鞋盒"（充电器），致敬了幽默有趣的俄罗斯套娃玩具。

礼盒的构成

DC：上海潮生万物文化创意有限公司　D：付乐乐、姜雪　CL：CYCLOID

设计点 × 仪式感：图形

　　包装盒顶部和正面印有"中国李宁"红色商标，与品牌鞋盒的包装视觉内容保持一致。包装盒侧面则印有 CYCLOID 的白色商标。

PANTONE 1788C

PANTONE WHITE

C0 M0 Y0 K100

设计点 × 仪式感：图形

设计点 × 仪式感：材质与工艺

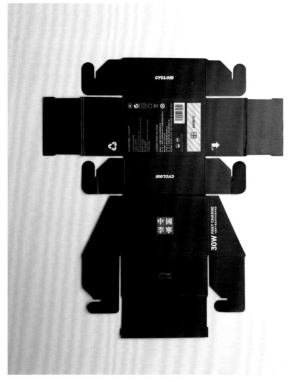

选用坚硬且轻巧的超薄瓦楞纸，防止运输过程中的碰撞损坏。为了让包装看起来更像缩小版鞋盒，在超薄瓦楞纸的表面裱铜版纸，然后覆一层哑膜。

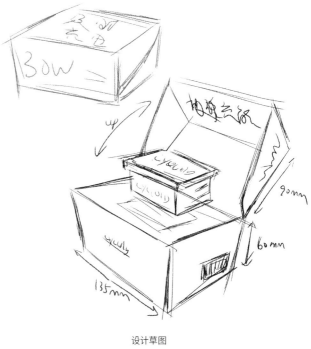

设计草图

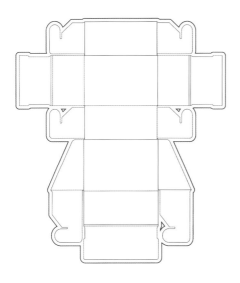

刀版图

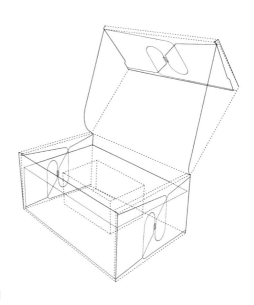

百日礼盒

D：李倩文

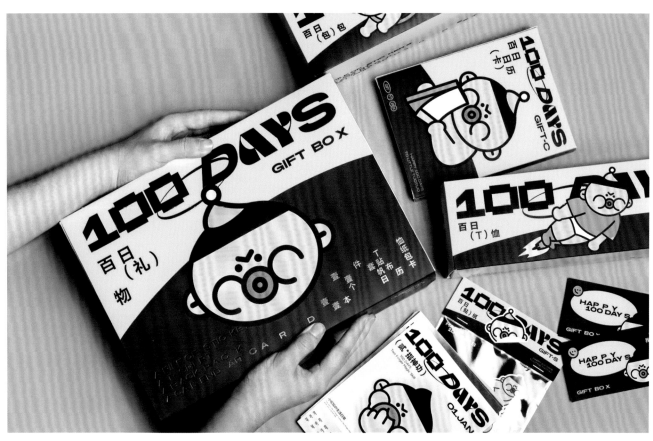

2021 年底，设计师李倩文成了新手妈妈。为了发挥自己的所长，她决定设计一些属于自己和宝宝的小东西，于是她制作了一个百日礼盒，里面包含日历卡、贴纸、T 恤和帆布包。她期望第一次做妈妈的自己可以和宝宝共同成长，亦期盼宝宝平安顺遂、自由快乐。

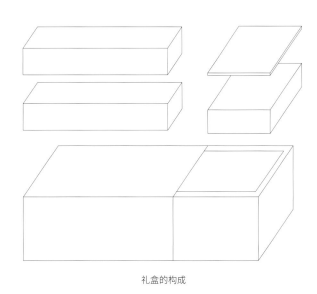

礼盒的构成

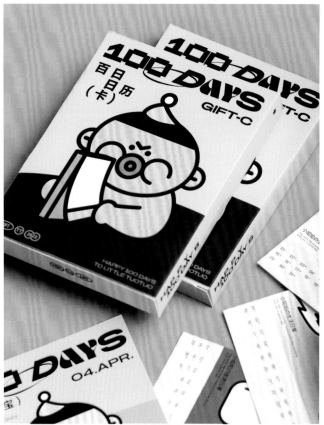

设计点 × 仪式感：配色

　　主要使用象征新生与生命力的绿色，以及象征宽厚与稳重的棕色，两种颜色搭配在一起就像是大地上长出来一片茵茵绿草，映衬出新生宝宝蓬勃的生命力，以及对宝宝自然成长的美好希冀。

C0 M21 Y9 K0

C66 M85 Y79 K53

C26 M0 Y80 K0

设计点 × 仪式感：插画

　　以宝宝的形象作为主要插画元素进行设计，对这 100 天里宝宝的调皮时刻、可爱瞬间，以图形插画的方式记录和呈现。

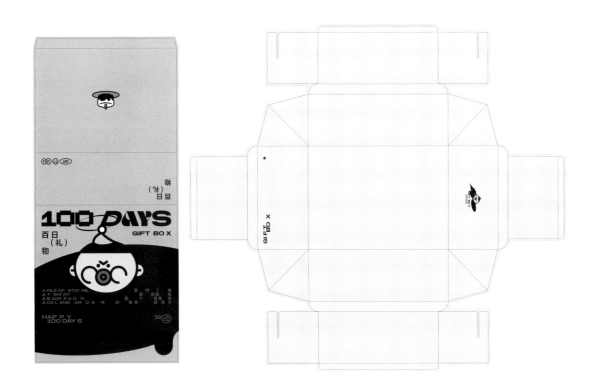

刀版图

传音 2022 员工生日礼盒

手机公司传音控股为员工准备的 2022 年生日礼盒，其包装以生日蛋糕盒为灵感，黄色丝带与红色礼盒交织，将这个特殊日子的仪式感最大化，传递热情的祝福。礼盒中随机放入传音控股 IP 形象肩颈按摩锤，营造出开盲盒的惊喜感。

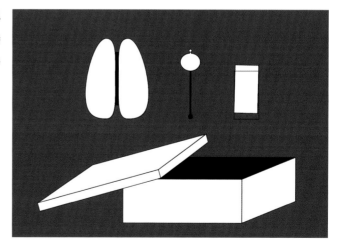

礼盒的构成

DC：传音品牌管理中心　CD：Jumbo、LD　D：Hylas　PP：Monica　CL：传音控股

设计点 × 仪式感：图形

　　主视觉是簇拥成群、形象欢乐的像素风格表情符号，表现出寿星在生日当天与亲朋好友欢聚一堂分享蛋糕，再将这份快乐和美好进行分享和延续的画面，呼应了"在一起，快乐无限"的礼盒主题。

设计点 × 仪式感：配色

以明度及纯度较高的红色为主色调，烘托出热闹的生日氛围与祝福温度。主视觉的表情符号以黑色描边，内部则留白，使得整个画面的色彩具有呼吸感；再以黄色和蓝色点缀其中，画面让表情符号生动起来，也让整体视觉形象变得更活泼。

PANTONE 2035C		PANTONE 113C
PANTONE 2925C		

设计点 × 仪式感：材质与工艺

外盒使用瓦楞纸覆哑膜，保持轻量化的同时让包装变得更环保。搭配 35mm 宽的涤纶丝带，得到理想的色彩表现度、承重性及手提舒适度。贺卡选用不易变形的 400g 白卡覆哑膜，并在主题文字中应用烫黑金和压凹工艺，打造层次感。搭配磨砂硫酸纸封套，塑造缓慢开启的仪式感。

盒盖刀版图

盒身刀版图

喜果喜糖礼盒

　　设计师张景春为自己的婚礼设计了这款喜果喜糖礼盒。包
装主视觉以"囍"字作为基本元素，组合成不同的果实造型。
礼盒共6种款式，以包装上的果实数量进行区分，从1增加到6，
寓意喜事接二连三地到来。

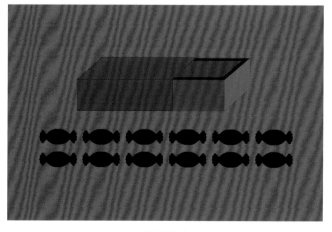

礼盒的构成

D：张景春

设计点 × 仪式感：配色

以丝网印刷专红色，再辅以烫金色，在喜庆中融入神圣典雅的气质。

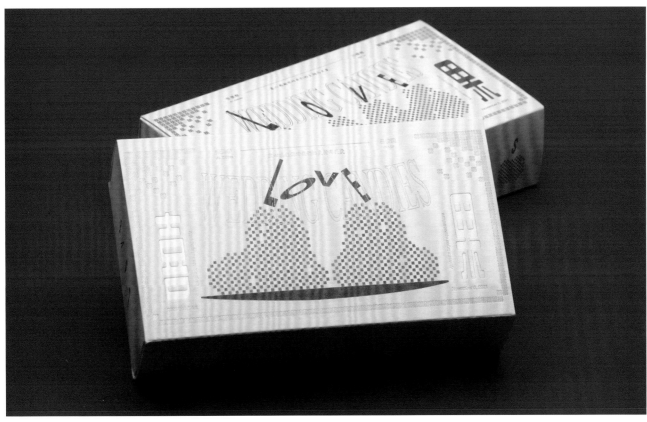

设计点 × 仪式感：图形

　　将多个细小的"囍"字组合成苹果、雪梨、樱桃等果实的造型，再由英文"LOVE"构成果实的枝叶，寓意爱的枝芽生长结果，喜结连理。

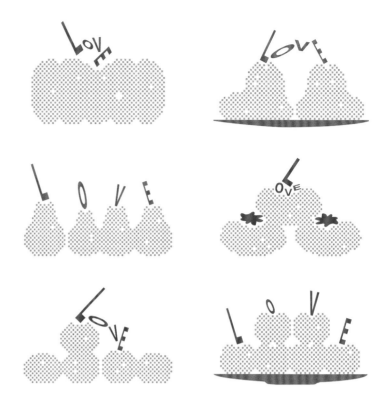

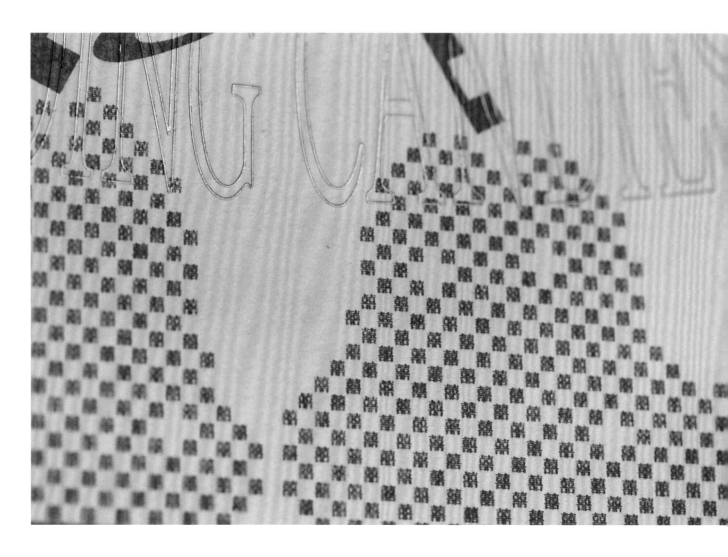

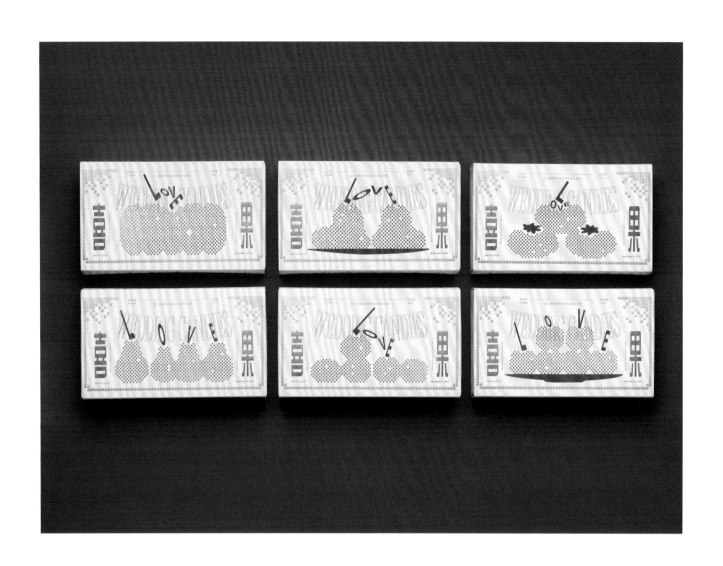

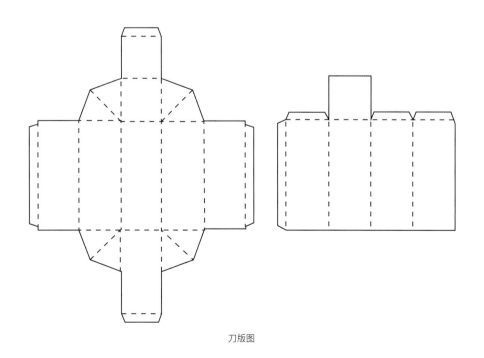

刀版图

蛋卷真香潮袜礼盒

　　雪球投资公司旗下的基金品牌蛋卷基金准备了这份潮袜礼盒,作为送给用户的暖冬礼物。礼盒共有5款,用食物口味来命名,分别是雪花和牛风味、新疆番茄风味、巴西甜橙风味、麻辣小龙虾风味和香辣鱿鱼风味。每盒装有3双袜子,每双袜子根据食物图案的调性使用不同的织法,塑造"香"气四溢的创意视觉。

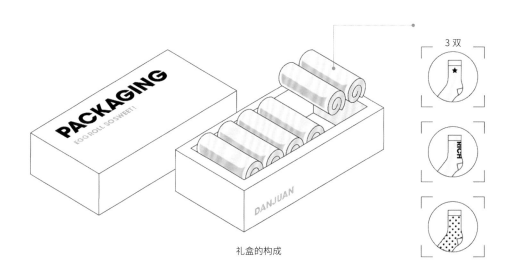

礼盒的构成

DC: 雪球设计中心   CL: 蛋卷基金

设计点 × 仪式感：图形

　　套盒的图案设计源于包装文案的谐音，例如根据"财富自由（鱿）"设计出鱿鱼图案，根据"那么有钱（钳）"设计出小龙虾图案等。

设计点 × 仪式感：包装结构

　　包装为抽屉式盒子，营造"抽出礼物"的仪式感。将袜子卷成蛋卷的形状排列在盒内，打开即可看到视觉风味一流又好穿的潮袜套装。

内有猫腻礼包

老虎和猫同属于猫科动物，故而虎年有"大猫"年这一说法，虎年也因此不只属于虎年出生的人，也是有猫青年们的本命年。为此，养着 7 只猫的 DXD 设计工作室携手宠物用品品牌尾巴生活，为有猫青年量身定制这款虎年限定礼包，内含斜挎包、棒球帽、粘毛器和医用口罩，祝愿各位有猫青年既"有猫腻歪"，也有"Money"（财富）。

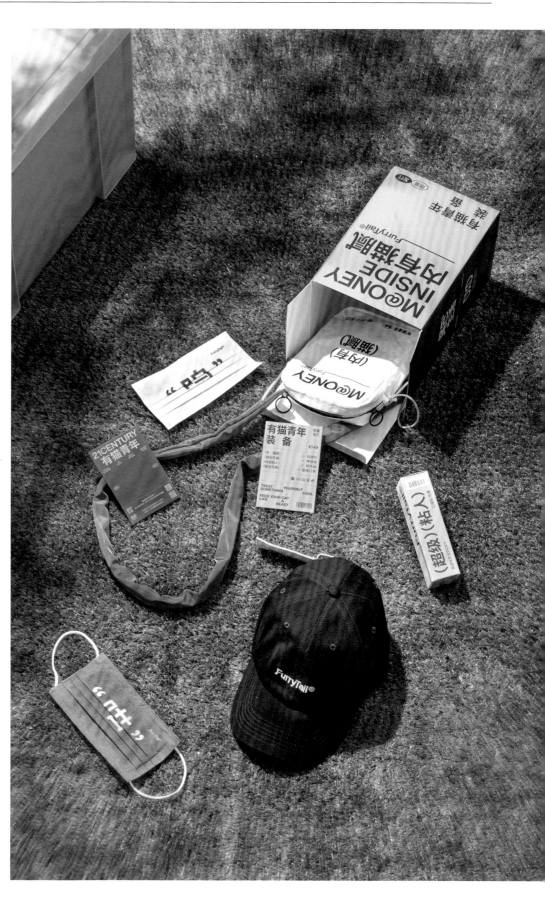

DC：DXD studio   CL：尾巴生活

设计点 × 仪式感：包装文案

包装文案均是跟猫相关的俏皮字眼，例如礼盒名中与"Money"谐音的"猫腻"、口罩上的"喵"和"呜"，以及粘毛器上的"超级粘人"等。

设计点 × 仪式感：材质

　　斜挎包选用具有褶皱质感的杜邦纸，背带选用紫色布料，内嵌可调节长度的橙色弹力绳，让不同的材质和结构碰撞出协调有趣的活泼感。

设计点 × 仪式感：配色

　　整体采用撞色设计，营造出随性、活泼又不失和谐的调性，
反映出年轻人的生活态度。

PANTONE 7736C

PANTONE 375C

PANTONE 7500C

刀版图

何翔宇 & 梁琛双个展衍生品

青年艺术家何翔宇和青年建筑师梁琛于麓湖·A4美术馆举办双个展。何翔宇以"家族"（Roots）为展题，首次集中展出《柠檬计划》系列作品；而梁琛则以希伯来语字母表的首字母"Aleph"（阿莱夫）为展题，呈现了一组沉浸式的空间装置，探寻无限宇宙的有限视界。二人就此次双个展推出了联名衍生品黄色柠檬帆布袋、柠檬计划便笺纸、可抽动菲林卡片。衍生品的包装沿用双个展主视觉的黄黑配色，并根据两个展览主题来设计视觉语言，体现两位艺术家及其展览作品的特点。

礼盒的构成

DC: PaperPlay   CL: 麓湖·A4 美术馆

设计点 × 仪式感：工艺

黑色包装内含建筑师梁琛的个展衍生品，包装采用印银工艺和 UV 印刷工艺，并借由工艺的层次感和画面的虚实结构，来体现梁琛对建筑的理解。

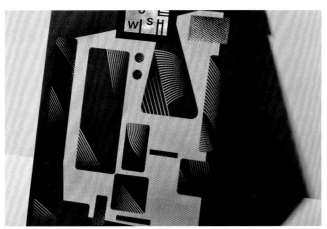

设计点 × 仪式感：包装结构

　　黄色包装内含艺术家何翔宇的个展衍生品，包装采用异形
立体设计，呼应了麓湖·A4 美术馆的商标和建筑特色。

设计点 × 仪式感：包装结构

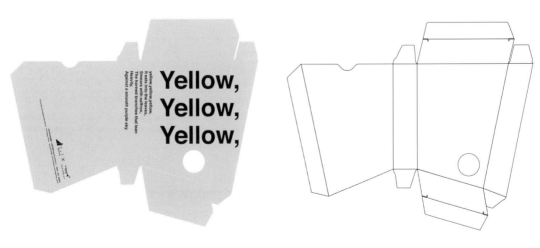

刀版图

巷贩小酒麻将礼盒

诞生于上海的金酒品牌巷贩小酒，以一种令人意想不到的方式宣传新款酒瓶：将这款限量版麻将礼盒送给国内顶级调酒师和行业内有影响力的人士，邀请他们玩一盘麻将游戏。礼盒外形仿照中国古代箱匣，箱体 8 个角均有金属护角，用一把仿古中式横挂锁锁住，内含 3 个定制款麻将牌和藏在秘密隔板下的新酒瓶。只有把 3 个麻将放在隔板上相应的位置时，方可打开隔板取出酒瓶。

DC：OMSE、Think Packaging　CL：巷贩小酒　|　★ D&AD 设计大奖木铅笔

设计点 × 仪式感：图形

重新设计麻将图标，融入巷贩小酒的相关元素。

设计点 × 仪式感：字体

基于 20 世纪初中国的手写体，为这款礼盒设计专用字体。

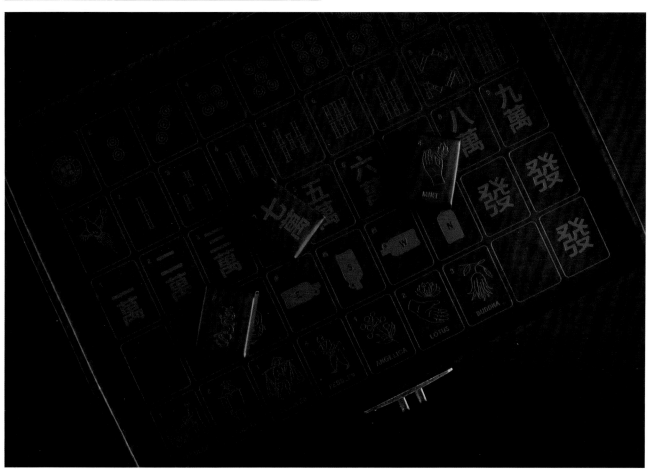

设计点 × 仪式感：材质与工艺

外盒由裱黑色纸张的硬纸板制成，搭配 8 个金属材质的三面护角和仿古中式横挂锁，营造神秘的气息和古玩的意味。文字和图案烫印红色金箔，突显视觉信息。

The Myth 限量版蜡烛礼盒

The Myth 限量版蜡烛是越南顺化市的个人护理品牌 Dinh 为庆祝新年的到来而推出的限量版礼盒。纸盒与铜罐包装的设计灵感源于顺化本土的皇家珐琅金属艺术和民间绘画艺术，由艺术家花费 6 天时间纯手工制成，限量 6 套。数字"6"在越南文化中有好运和能量的寓意。 Dinh希望借由这款蜡烛，祝愿人们在新的一年财源广进，不断发光发热。

DC：South Creative　CL：Dinh

设计点 × 仪式感：配色

粉色是顺化民间绘画的描线颜色之一，也是顺化传统节日的常用色之一。手工刷粉色颜料于纸盒表面，然后以丝网印刷银色的图形，并在盒内刷一层银色油墨，以提升包装的珍贵质感。

C0 M95 Y0 K0

设计点 × 仪式感：配色

设计点 × 仪式感：工艺

铜罐参照顺化珐琅金属艺术，由手艺人在铜罐上描绘图案后涂白漆，然后高温烧制而成。

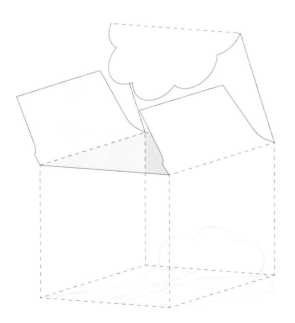

刀版图

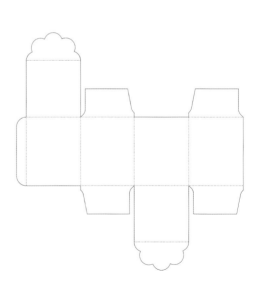

Welsbro 限定礼盒

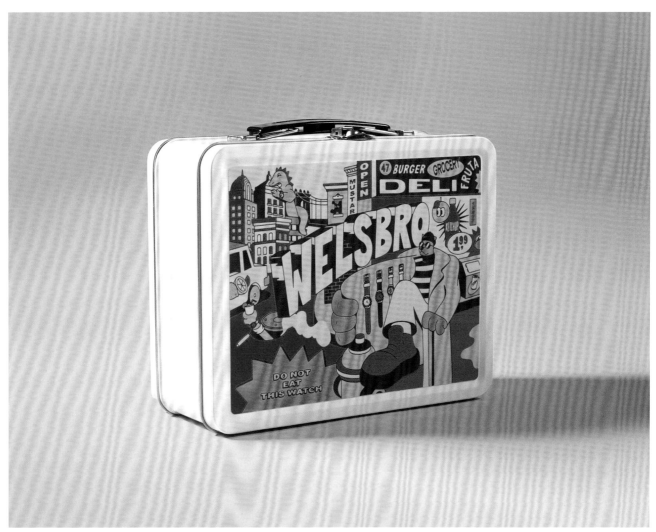

这是创办于 1926 年的纽约手表品牌 Welsbro 自 1970 年
消失在市场后的一次复出。4 款首发表款时髦、新颖，并融入
了烹饪界的设计元素，这是对品牌新主理人 Rich Reichbach
在新奥尔良著名的 Galatoire's 餐厅工作经历的回应。手表由
75% 的瑞士古董机芯和 25% 的全新机芯制成，流露出浓郁的
怀旧感。为了通过包装整体视觉让消费者快速了解产品特点，
手表被包装在一个锡制午餐盒中，搭配怀旧风格的卡通插画，
打破了传统手表包装古板且奢侈的风格。

AD & ILL: Oscar Bastidas   CD: Katie Willis   CL: Welsbro

设计点 × 仪式感：插画

　　手表证明书上的插画，讲述了品牌持有人在纽约生活时探索美食的经历。辅以原创字体营造出画面动感，勾起人们享用这些"美味"手表的欲望。

设计点 × 仪式感：工艺

　　手表证明书和装贴纸的信封均使用孔版印刷，提升了包装的复古质感。

Lunabio Botany 杯垫礼盒

2021 年中秋，主打未来宇宙概念家具的品牌 Luna，推出主题为"Lunabio Botany"（月球植物化石）的亚克力杯垫礼盒，将人们"送到"3031 年的未来世界进行月球考古。礼盒包装及杯垫的插画以虚构的植物为主体，渲染出神秘且浪漫的科幻感，同时凸显出"未来宇宙"的品牌调性。

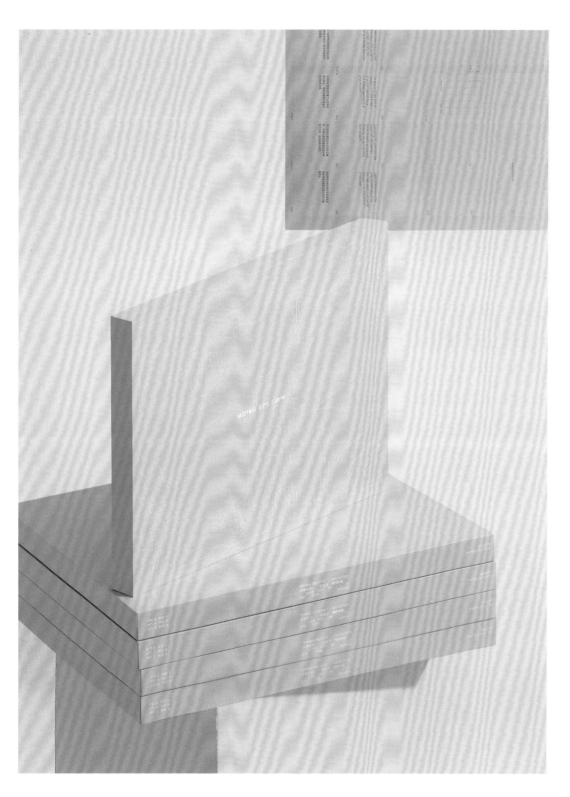

DC: loof.design   CL: Luna

设计点 × 仪式感：配色

整体选用高明度的灰色调，塑造人类在未来观测遥远星体的既视感和陌生感。同时大面积印白，还原人们对月球的既定印象。

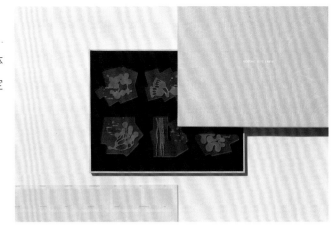

设计点 × 仪式感：插画

基于礼盒主题"月球植物化石"的设定，将虚构的植物形态作为基础元素，创作出礼盒包装及杯垫的插画。

唱吧 819 声优节礼品

"819 声优节"是音乐内容平台唱吧于每年年中举行的线上活动，旨在为热爱音乐的人提供展示机会，活动标语为"你的声音巨好听"。胸章作为声优节礼品，其包装整体延续 819 声优节主视觉的设计概念，即用不同样式的喇叭图案指代不同的声音，并融合数字"8""1""9"，得到极具识别性的视觉效果。

D：Bowen CL：唱吧音乐集团

设计点 × 仪式感：图形

喇叭的造型强调了每种声音的特性与力量感，搭配缤纷色彩，营造出热闹的气氛。

设计点 × 仪式感：包装结构

使用结构简易的飞机盒，强调声音虽朴素但有力，同时突显主题和视觉信息。

253

PaperPlay 礼品袋

主打礼物包装的设计公司 PaperPlay，推出了一组结构独特的礼品袋：手拿包礼品袋和单肩包礼品袋。两款袋子皆选用时下的流行配色，抓住潮流趋势。手拿包礼品袋上只印有一句简短的祝福语，表达了真挚、纯朴的祝愿。单肩包礼品袋用简洁的几何图形传递美好寓意。

254

设计点 × 仪式感：材质

　　两款礼品袋借由亮膜呈现直观的时尚感，搭配手提织带体现可触摸的精致感。

设计点 × 仪式感：配色

　　以时下流行的绿色和经典的黑色搭配喜庆的红色，烘托节庆氛围。

C100 M100 Y100 K100	C60 M75 Y90 K15
C0 M100 Y100 K0	C3 M30 Y9 K0
C100 M0 Y100 K0	

附录

A

a better office ™

instagram.com/a.better.office

B

北叶

zcool.com.cn/u/22016884

比洛

zcool.com.cn/u/16442368

Bowen

zcool.com.cn/u/1866121

Bracom Agency

bracom.agency

Bullet

bullet-inc.jp

不亦乐乎设计工作室

by-enjoy.com

C

川合创意

ch-lab.cn

传音品牌管理中心

transsion.com

D

大食设计商店

behance.net/hookfood2020

DXD 工作室

dxdstudio.zcool.com.cn

F

付乐乐

zcool.com.cn/u/21444936

G

葛烨

zcool.com.cn/u/23794298

构国学图

www.magbrand.cn

谷东杰

behance.net/a10047581976624GDD

H

合伙人设计

designbyao.com

盒马鲜生

https://www.behance.net/gallery/138117553/ -2021/modules/782579337

I

inkpression ™

inkpression.com

J

姜康

behance.net/jiang-kang

鲸鱼

zcool.com.cn/u/15357085

K

Kong Studio

kongstudio.com.sg

Kreatives

kreatives.co

L

赖树明

pnvital.com/pack

李甫印

zcool.com.cn/u/20072931

李倩文

behance.net/610749573c72e

loof.design

loof.design

罗涛涛

zcool.com.cn/u/14465980

M

美可特品牌企划设计有限公司

victad.com.tw

N

nofans design

nofans.zcool.com.cn

O

OMSE

omse.co

Oscar Bastidas

oscarbastidas.com

P

PaperPlay

behance.net/grrrey

Q

秦靓

behance.net/miucaq

S

Studio Cohe

cohe.studio

studiowmw

studiowmw.com

T

唐亚婷

behance.net/tyt164

Think Packaging

thinkpack.co.nz

条件反射

reflexdesign.cn

TUSHI design

https://www.behance.net/tushi-design

U

UnigonsOne

unigonsone.zcool.com.cn

W

万田设计

mantinstudio.com

王猛猛

behance.net/kenneth_woog

五克氮创意设计

5gndesign.zcool.com.cn

X

香蕉黑洞

bbh.work

雪球设计中心

xueqiudesign.zcool.com.cn

Y

一厘（杭州）文化传媒有限公司

zcool.com.cn/u/14999060

Yiqing Gan

yiqinggan.co

Youngest 有关

zcool.com.cn/u/16590261

Yulong Lli Studio

yulonglli.com

Z

张凯旋

zcool.com.cn/u/17317951

张景春

behance.net/1016593767decd

直径品牌顾问（深圳）有限公司

zhijinglink.com

智力有限设计工作室

behance.net/ZLYX

致谢

谨此衷心感谢为本书提供作品的一众设计师。还要特别感谢为本书提供专论的吕晓萌教授与为本书提供宝贵意见的专业人士。也诚挚感谢参与本书制作的编辑、设计师及相关工作人员的辛勤工作，让本书得以顺利出版。

亲爱的读者，感谢您购买《节庆包装设计——解构思维与仪式感》，如果您对本书的编辑与设计有任何意见，欢迎您来信告知。

我们的邮箱地址是：info@hightone.hk。
如果您对设计与艺术类图书感兴趣，欢迎收藏我们的主页 www.hightone.hk。

- -

微信公众号   微博官方号